普通高等教育“十一五”国家级规划教材配套教材

建筑装饰制图与识图习题集

第3版

主　编　高　远
副主编　魏艳萍　何国青
参　编　樊文迪　史瑞英
主　审　杨晓光

机 械 工 业 出 版 社

本书是机械工业出版社出版的普通高等教育“十一五”国家级规划教材《建筑装饰制图与识图》（高远主编）一书的配套习题集。书中题目选择以建筑及装饰工程形体为主，难度适中。习题内容主要有建筑装饰制图基本知识、投影作图（画法几何基本内容）、组合体及尺寸标注、剖断面图、专业识图与制图等。其中剖断面图、组合体、专业识图与制图部分增大了题量，用于加大形体投影表达和识图能力的训练，提高空间想象力和图示能力，掌握制图技能，学以致用。

本习题集可供建筑装饰工程技术、室内设计技术、建筑工程技术专业的学生使用，也可用作建筑装饰设计、施工人员的培训和自学用书。

图书在版编目（CIP）数据

建筑装饰制图与识图习题集/高远主编. —3 版. —北京：机械工业出版社，2014.9（2025.1 重印）

ISBN 978-7-111-47299-5

Ⅰ.①建…　Ⅱ.①高…　Ⅲ.①建筑装饰 - 建筑制图 - 习题集②建筑装饰 - 建筑制图 - 识别 - 习题集　Ⅳ.①TU238-44

中国版本图书馆 CIP 数据核字(2014)第 149179 号

机械工业出版社（北京市百万庄大街 22 号　邮政编码 100037）
策划编辑：常金锋　责任编辑：常金锋
责任校对：纪　敬　封面设计：马精明
责任印制：常天培
北京中科印刷有限公司印刷
2025年 1 月第 3 版第 17 次印刷
260mm × 184mm · 11.75 印张 · 163 千字
标准书号：ISBN 978-7-111-47299-5
定价：30.00 元

电话服务	网络服务
客服电话：010 - 88361066	机　工　官　网：www.cmpbook.com
010 - 88379833	机　工　官　博：weibo.com/cmp1952
010 - 68326294	金　　书　　网：www.golden - book.com
封底无防伪标均为盗版	机工教育服务网：www.cmpedu.com

第3版前言

本习题集第2版出版至今已有多年，这些年随着科技的日新月异，建筑装饰行业的技术也有了新的发展和变化。面对这些发展和变化，就需要我们尽快把工程一线应用最多的新技术、新工艺以及新规范、新标准融入和反映到本书中，同时结合近年来本课程教改的一些经验和做法以及读者使用后的意见、建议，进行了第3版的修订。

本次修订对线型练习和部分习题进行了调整和补充，同时对形体表面取点、取线、截交线、相贯线等习题进行了部分删减，以切合高职装饰类专业的教学实际，做到理论够用、突出图示应用的训练。此次修订对涉及的技术标准、规范均按新颁布的版本进行了更新，以符合技术发展的要求。

在此十分感谢读者们对本书的支持和厚爱，感谢机械工业出版社编辑们的辛勤、智慧的劳动。本书编者已将本书配套的建筑装饰制图与识图课程建成课程网页，其中汇集了编者多年对建筑装饰制图教学的一些经验和做法，特别是实践环节、制图技能方面的教改做法，供读者参考。读者可登录 www. sxatc. com/jpkc 浏览。本次修订和增补由高远负责完成，鉴于理论和实践水平有限，在此次修订中难免有不足之处，恳请读者和同行批评指正（可发电子邮件至 243666268@ qq. com），在此深表谢意。

编　者

第2版前言

本习题集紧密结合当前高职高专建筑装饰制图教学的要求，突出工程形体的识图与制图，以培养学生的空间想象和图示表达能力为重点，同时使学生掌握必要的制图技能，为学习专业课打好基础。

本书的习题类型有两种，一种是在习题集上直接作图的练习形式；另一种是需另备绘图纸的抄绘图样练习。在学习中应注意循序渐进，巩固提高。必要时可制作一些解题用的模型，如用橡皮泥等制作基本几何体、组合体等，用于帮助理解和提高空间构形能力，特别是在形体表面取点、取线作图时，能够帮助想象和确定所在表面的位置。

本书是机械工业出版社出版的普通高等教育“十一五”国家级规划教材《建筑装饰制图与识图》一书的配套习题集，本次修订增添和调整了部分习题，并对第1版中的错误进行了修改。对剖面图中原有偏复杂、不实用的题进行了修改；对三面正投影基本知识的投影练习题进行了调整，使其更符合初学者的理解。本习题集后半部分的抄图练习较多，读者在使用中可选择其中的主要图样进行练习。抄图练习也是识图训练的一种形式，同时也是掌握和运用投影知识、熟悉建筑制图标准、提高制图技能的很好的实操训练，必要时可在教师的指导下，进行一两个中小型建筑装饰工程的实地测绘练习，效果更好。

第2版修订工作由山西建筑职业技术学校高远完成。本书编者已将本书配套的建筑装饰制图与识图课程建成课程网页，其中汇集了编者多年对建筑装饰制图教学的一些经验和做法，特别是实践环节、制图技能方面的教改做法，供读者参考。读者可登录 www. sxatc. com/jpkc 浏览。

由于编者水平有限，在修订中难免存在疏漏，恳请读者批评指正（可登录编者个人网站 www. gy621. blog. sohu. com）。

编　者

第 1 版前言

本书是21世纪建筑装饰系列规划教材《建筑装饰制图与识图》的配套习题集，书中选题以工程形体为主、难度适中。习题内容主要有建筑装饰制图基本知识、投影作图（画法几何基本内容）、组合体及尺寸标注、剖断面图、专业识图与制图等。其中剖断面图、组合体、专业识图与制图部分增大了题量，用于加大形体投影表达和识图能力训练，提高空间想象力和图示能力，掌握制图技能，学以致用。专业识图和制图习题部分搜集了建筑及装饰施工图的实例，难度及图幅大小适宜，便于抄绘和识读。

本习题集的作业方式有两种，一种是直接在习题集上作图、解题，另一种是自备图纸用仪器作图。建议选择部分作业在铅笔图完成后用描图纸上墨描绘，提高学生的制图技能，同时也有助于提高识图能力，为学习专业课打好基础。

本习题集由高远、魏艳萍、何国青、樊文迪、史瑞英编写，高远任主编，魏艳萍、何国青任副主编。杨晓光副教授任主审。

本书编写因时间仓促，加之编者水平有限，不足之处在所难免，恳请各位读者提出批评和改进意见。

编　者

目 录

一、建筑装饰制图的基本知识

1-1 字体练习

建筑制图设计说明总平面立剖详东西南北房屋装饰比例尺长宽

厚墙柱梁吊顶楼梯地板承重结构门窗阳台雨篷龙骨左右上中下

室布置灯具槽材料强度水泥砂石钢筋混凝土灰浆配筋分布箍预

班级　　学号　　姓名　　日期

屋面油毡防水层绿豆砂保护层找平隔热挂瓦顺水条椽检查顶棚吊顶施工技术格栅天

窗雨水口斗管沟盖檐泛水圈梁隔断墙砖砌平拱过梁变形缝沉降伸缩水磨石比例尺寸

细石混凝土地下室采光井消防梯间距层高步数百页亮子铰链马赛克花岗石审核校对

班级　　学号　　姓名　　日期

h

ABCDEFGHIJKLMNOPQRSTUVWXYZ

$\frac{7h}{10}$

abcdefghijklmnopqrstuvwxyz

1234567890 IV X Φ

ABC abc 1234 IV 75°

班级　　学号　　姓名　　日期

班级　　学号　　姓名　　日期

1–2　字格

本字格可垫在描图纸下写字用。注意保存。

班级　　　学号　　　姓名　　　日期

本字格可垫在描图纸下写字用。注意保存。

班级　　学号　　姓名　　日期

1-3 线型练习

1. 按比例抄绘图样。

作业要求：

（1）用 A3 幅面绘图纸按比例抄绘图样。

（2）要求线型分明，交接正确，注写认真。

（3）汉字写长仿宋字。图名用 10 号字，说明文字用 5 号字。

（4）尺寸数字用 3.5 号字。

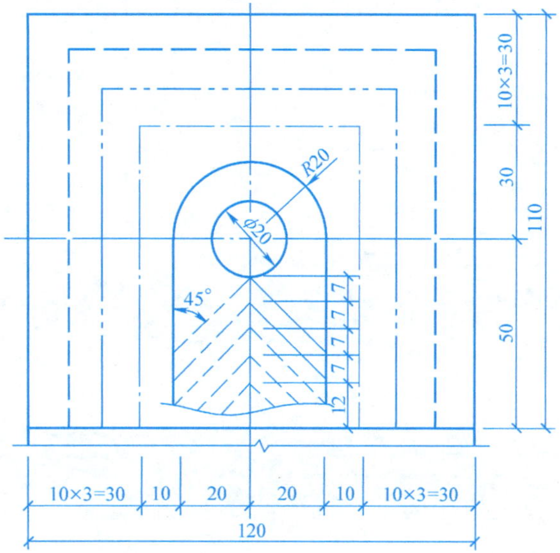

图线 1:1

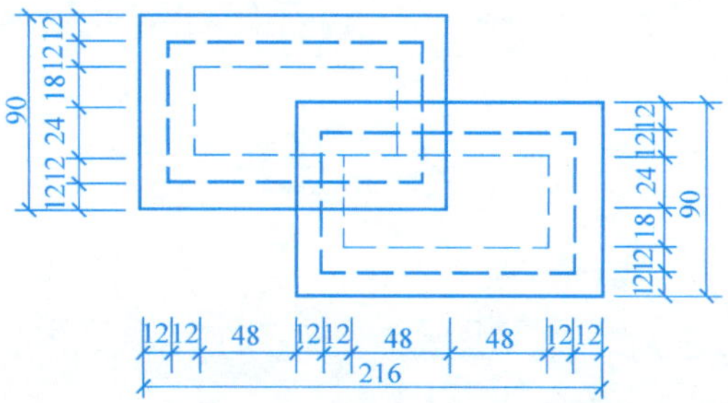

图案 1:3

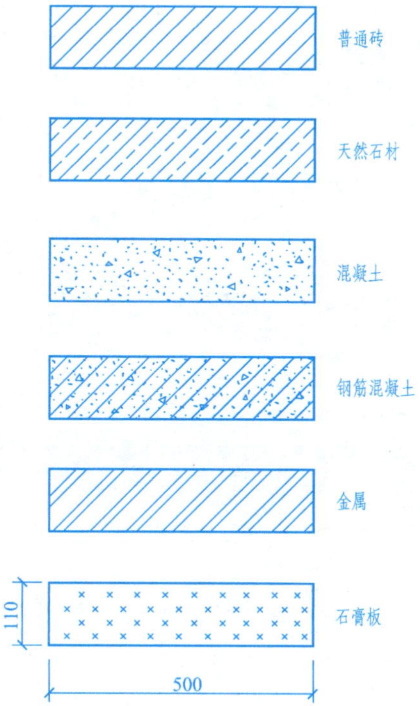

材料图例 1:5

班级　　学号　　姓名　　日期

2. 抄绘图样（按所注比例）。

作业要求：

（1）按所注比例，用 A3 幅面绘图纸抄绘图样后，再用硫酸纸描绘。

（2）要求线型分明，注写认真。

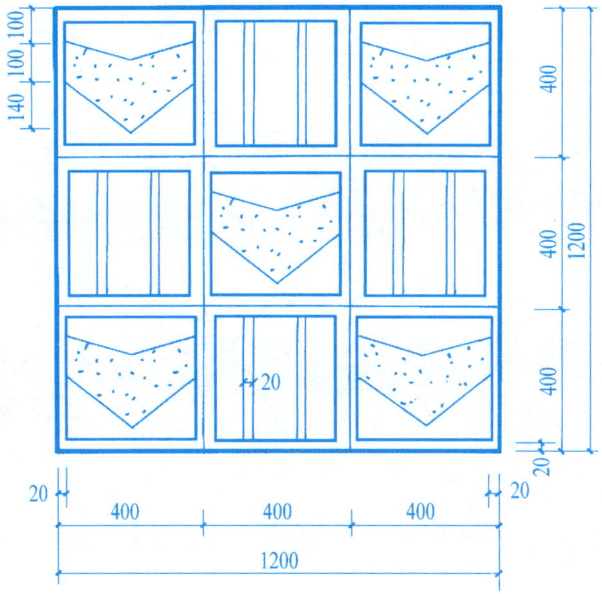

图案 1:10

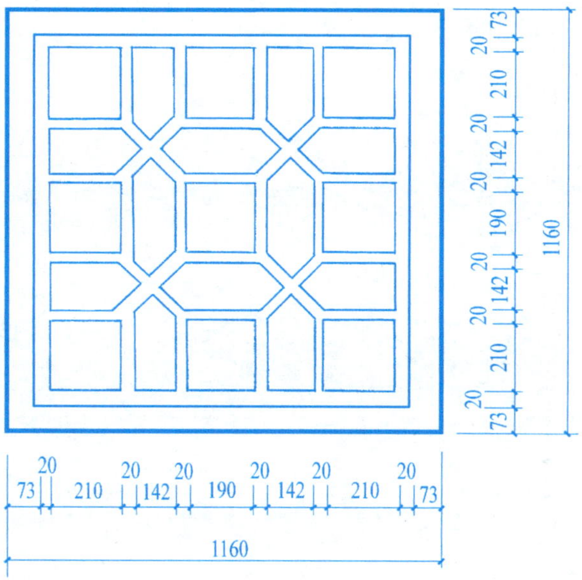

花格窗 1:10

班级　　学号　　姓名　　日期

1－4 图样的比例与尺寸标注

量取下列图形尺寸（单位：mm，取整数），根据所注比例，标注尺寸。

（1）

1:5

（2）

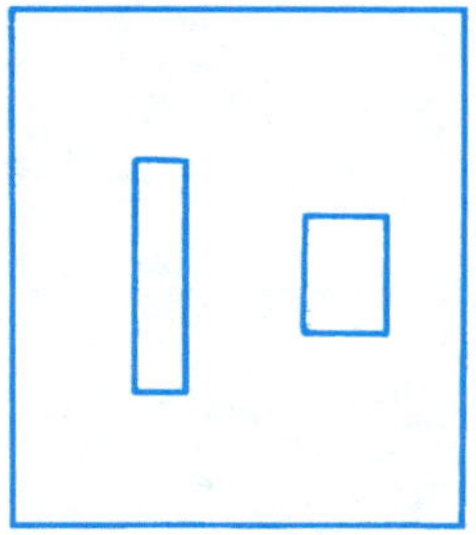

1:10

（3）

1:20

（4）

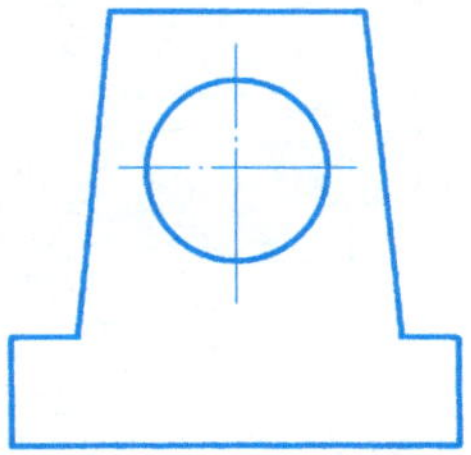

1:30

（5）

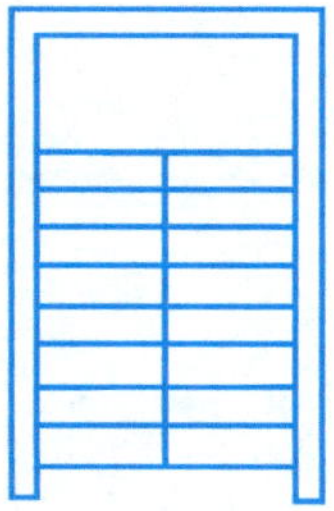

1:100

（6）

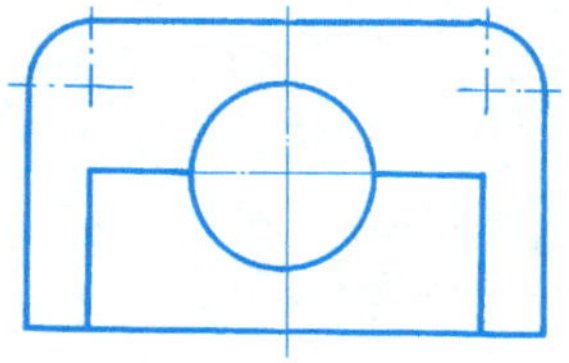

1:2

班级　　学号　　姓名　　日期

二、正投影的基本知识

1. 根据立体图作出三面投影图（具体尺寸从图中量取，以 mm 为单位，取整数）。

(1)

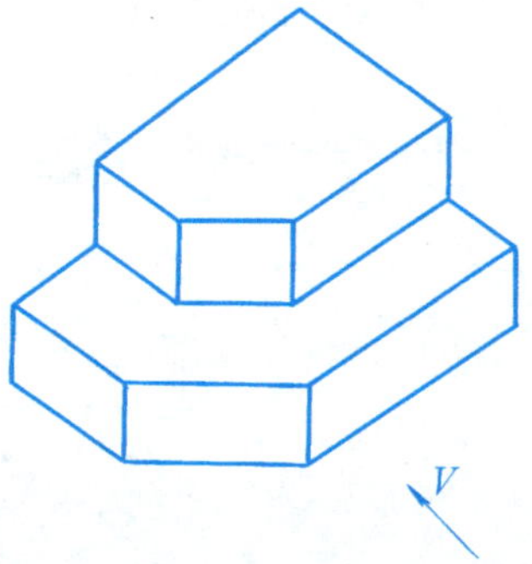

(2)

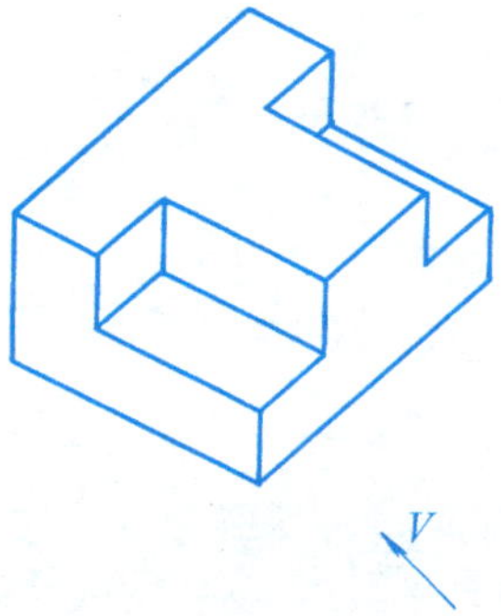

(3)

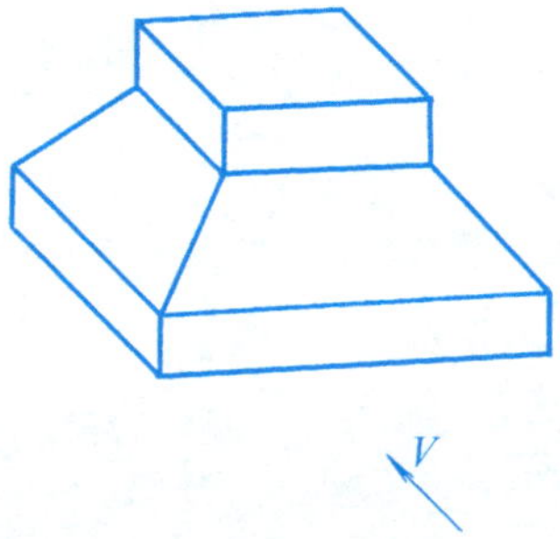

班级　　学号　　姓名　　日期

2. 根据立体图作出三面投影图（具体尺寸从图中量取，以 mm 为单位，取整数）。

（1）

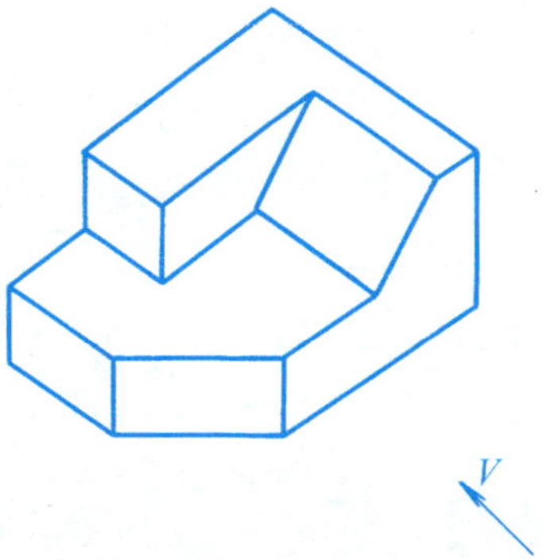

（2）

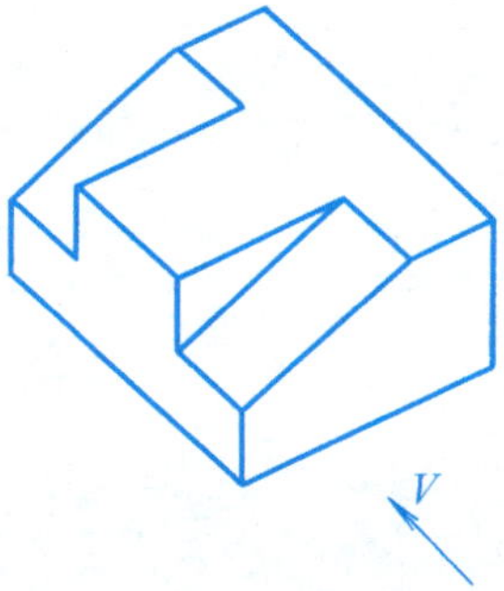

（3）

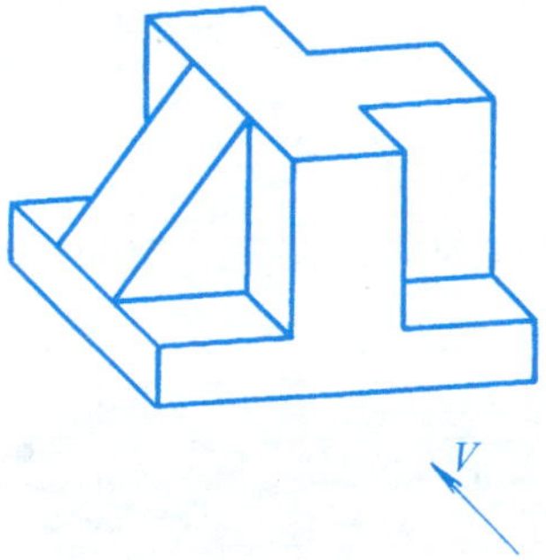

班级　　学号　　姓名　　日期

三、点、直线、平面的投影

3－1　点的投影

1. 已知点 A、B、C、D 的立体图，作出它们的三面投影。尺寸从图中量取。

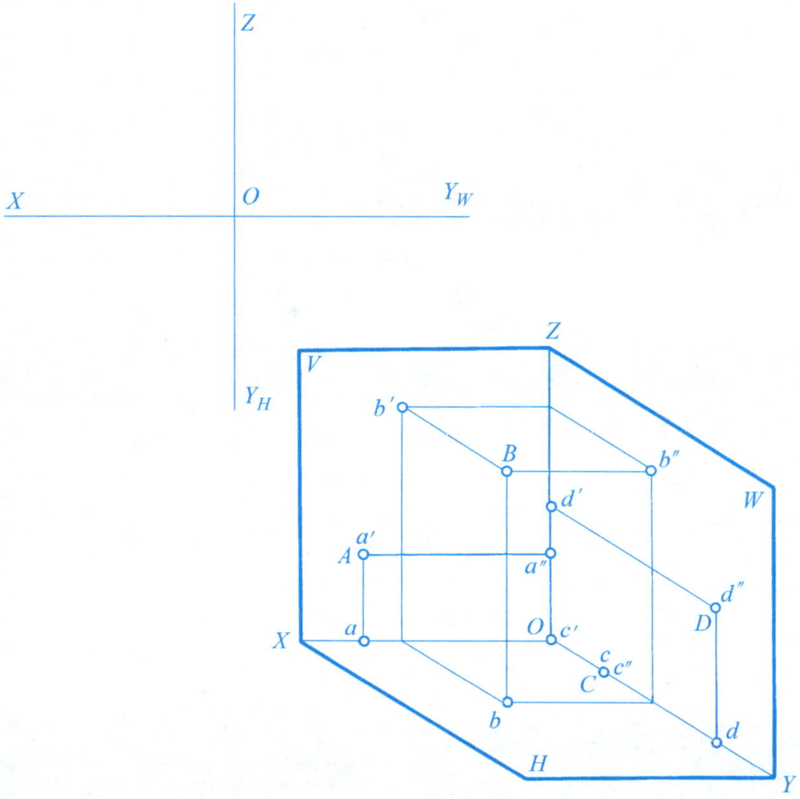

2. 已知空间点 A（20，15，15），作出它的三面投影和立体图。

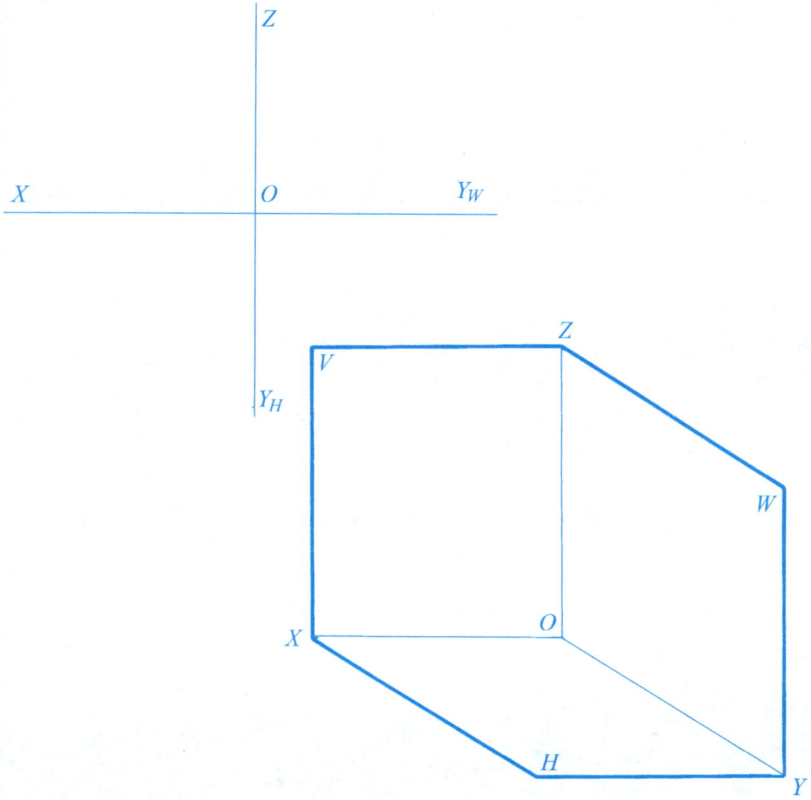

班级　　　　学号　　　　姓名　　　　日期

3. 已知空间各点的两面投影，作出它们的第三面投影，并判断各点的空间位置。

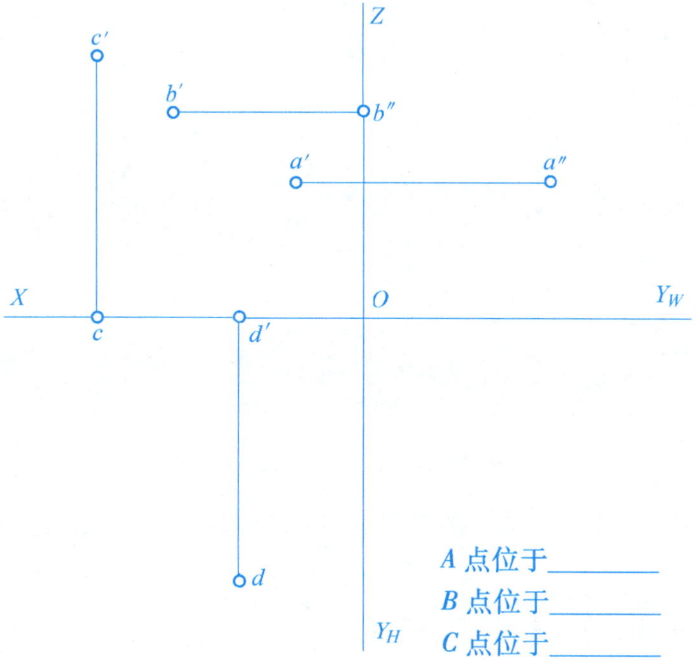

A 点位于________

B 点位于________

C 点位于________

D 点位于________

4. 已知点 B 对点 A 的空间相对位置为：X 坐标差 = 15mm，Y 坐标差 = −10mm，Z 坐标差 = −10mm，试作点 B 的三面投影。（提示：本题中的坐标差是指点 B 的相应坐标减去点 A 的相应坐标的差值。如 Y 坐标差为 −10mm，则表示点 B 在点 A 之后 10mm）。

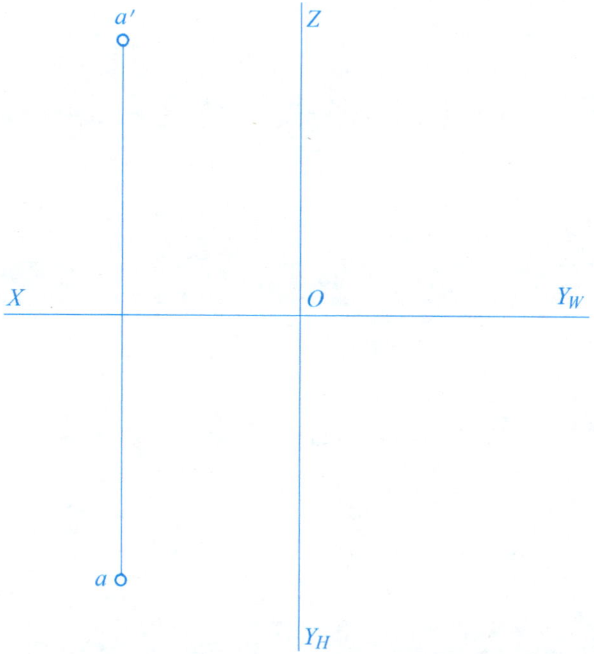

班级　　学号　　姓名　　日期

5. 已知空间点 A 的三面投影，并知点 B 在点 A 的左下后方 10mm、15mm、10mm 处，试作出点 B 的三面投影。

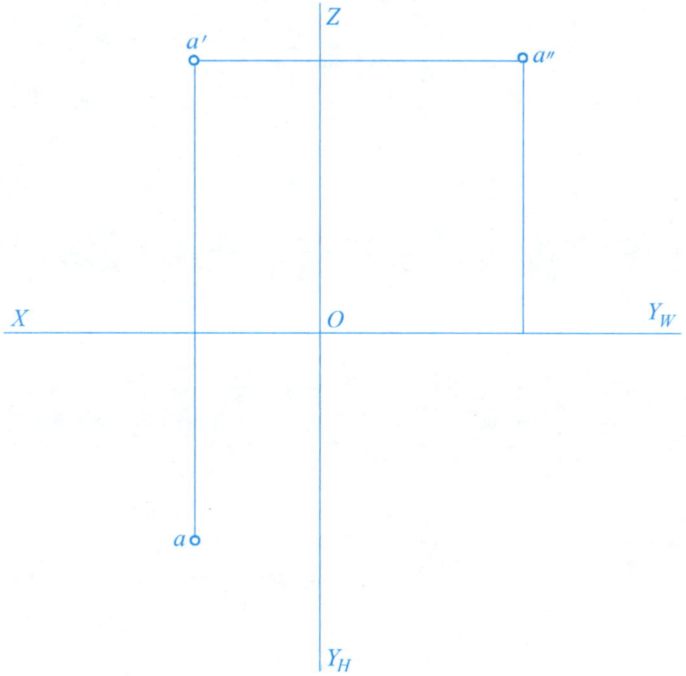

6. 已知点 A、B、C、D 的三面投影，试判断它们的相对位置，并判断各重影点的可见性（提示：在重影点代号上加括号表示）。

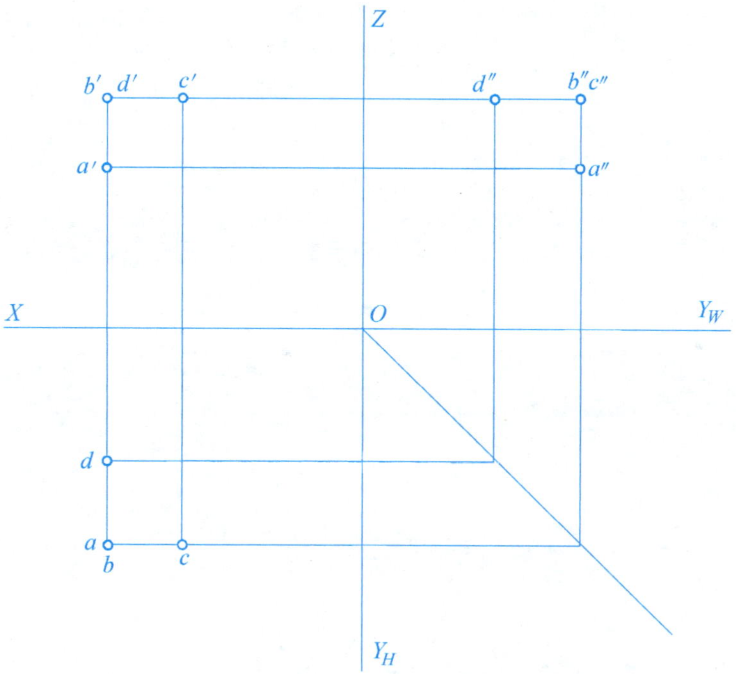

A 点在 B 点的（　　）方

B 点在 D 点的（　　）方

D 点在 C 点的（　　）方

班级　　　学号　　　姓名　　　日期

1. 已知六棱台的 *H* 面和 *V* 面投影，试作出其 *W* 面投影，并在下面的表格内填上各棱线与投影面的相对位置。

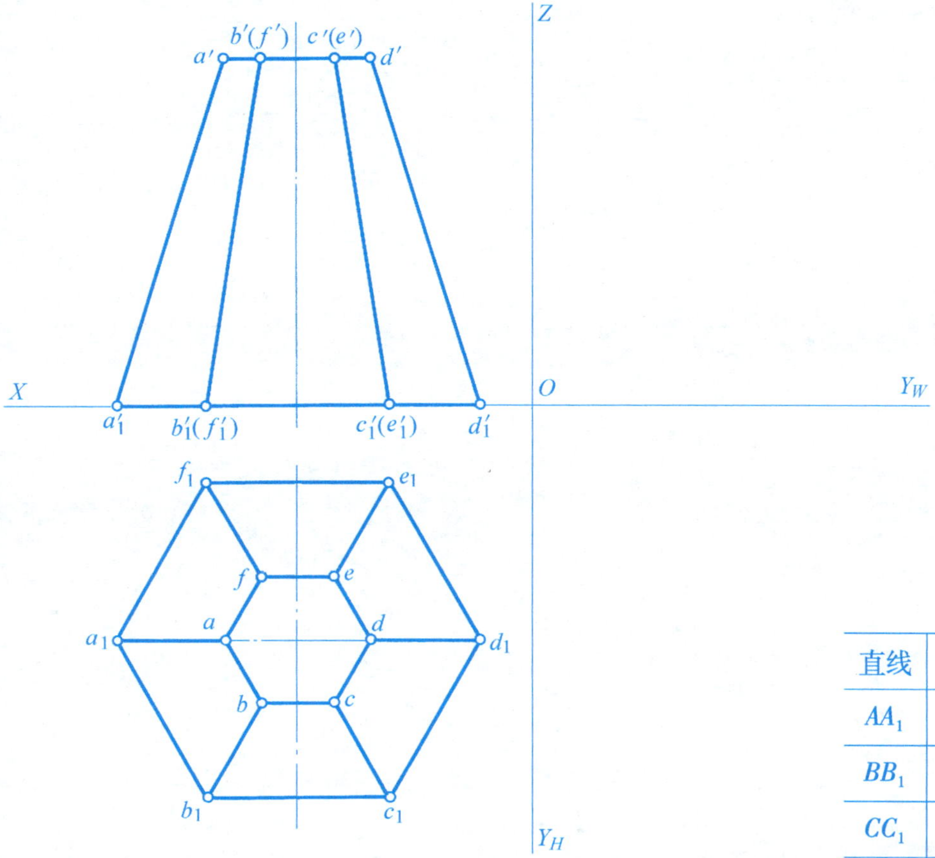

直线	与投影面相对位置	直线	与投影面相对位置
AA_1		AB	
BB_1		BC	
CC_1		AF	
E_1F_1		D_1E_1	

班级　　　　学号　　　　姓名　　　　日期

2. 补全直线 AB、CD、EF 的三面投影。

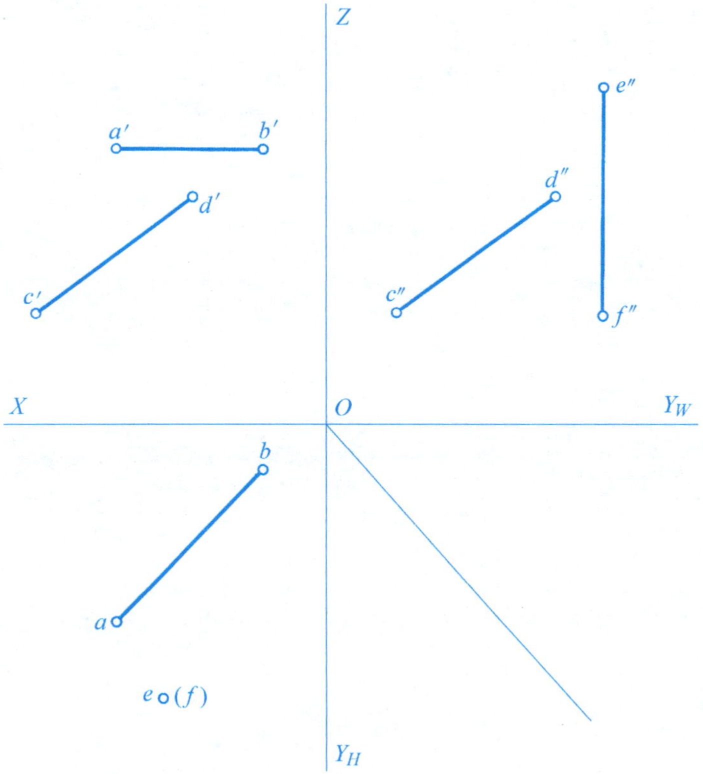

3. 过点 A 作正平线 $AB=25\text{mm}$，$\alpha=45°$；过点 A 作正垂线 AC，点 C 在 V 面上，试完成 AB、AC 的三面投影。

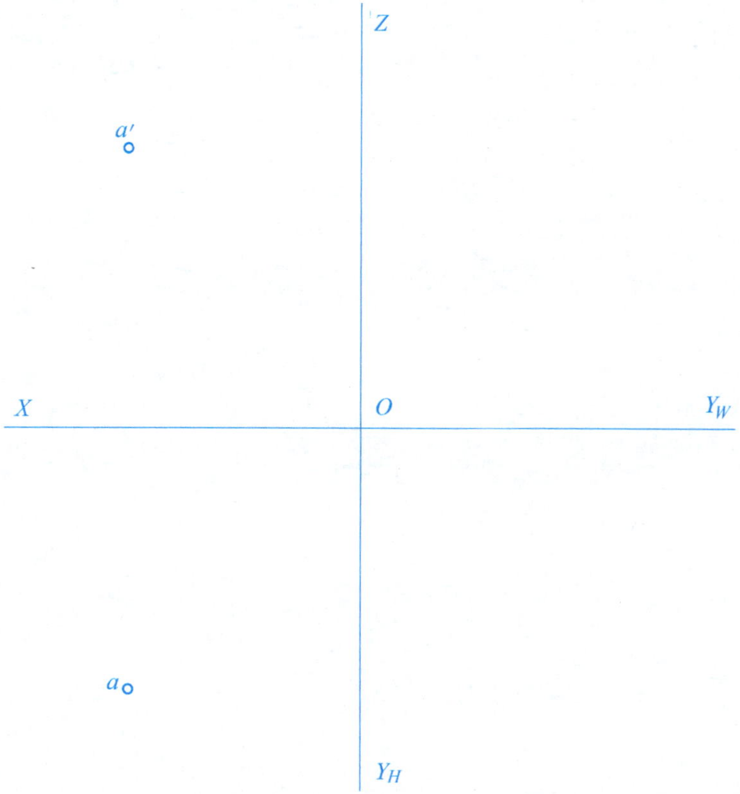

班级　　　　学号　　　　姓名　　　　日期

4. 求直线 AB 的实长及其对两投影面的倾角 α、β。

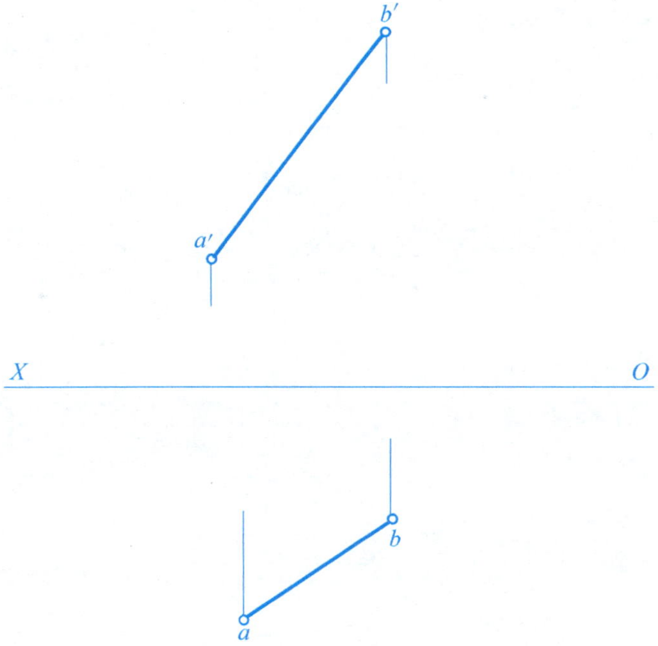

5. 已知线段 AB 的实长为 65mm，其水平投影 ab 及点 A 的正面投影 a'，求直线 AB 的正面投影。

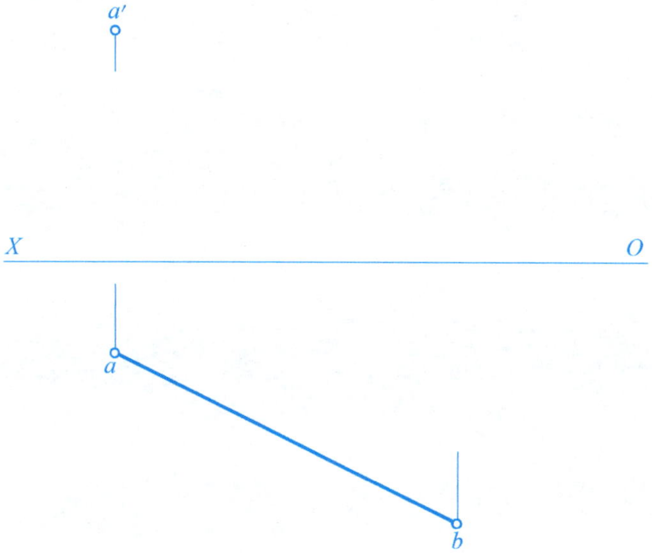

班级　　　　学号　　　　姓名　　　　日期

6. 在直线 AB 上取点 K，使 $AK:AB=3:5$。

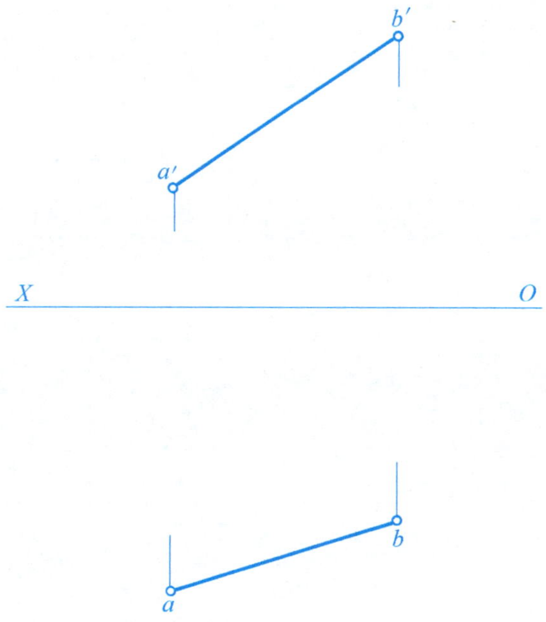

7. 利用作图判别点 K 是否在直线 AB 上。

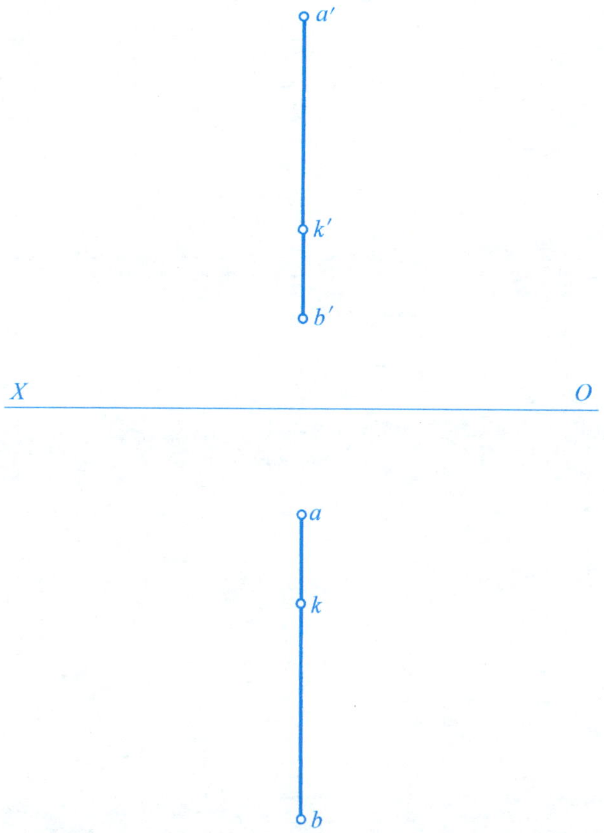

班级　　　　学号　　　　姓名　　　　日期

8. 判断下列直线的相对位置，将结果写入括号内。

(1)

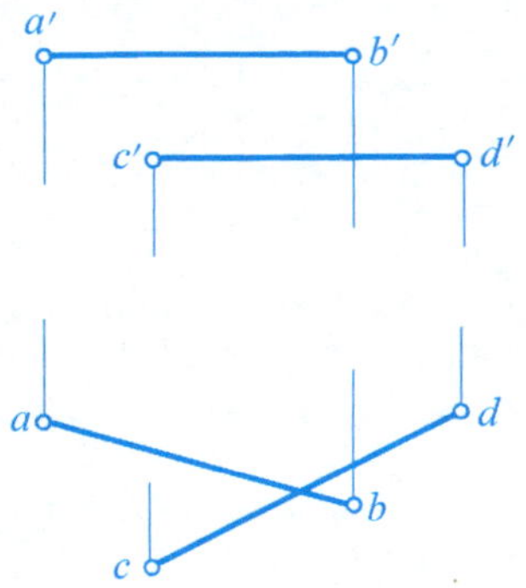

(　　　　　　)

(2)

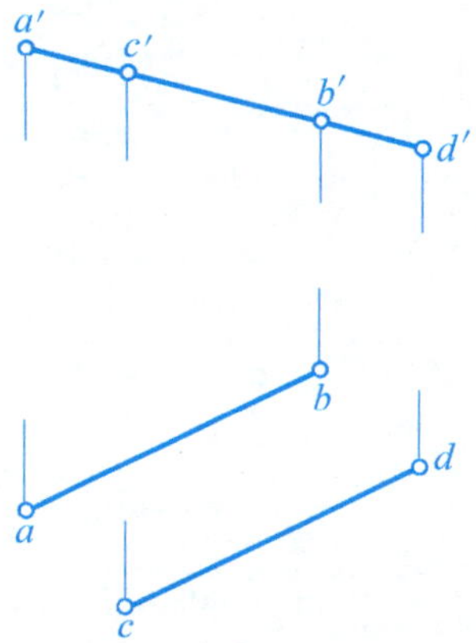

(　　　　　　)

(3)

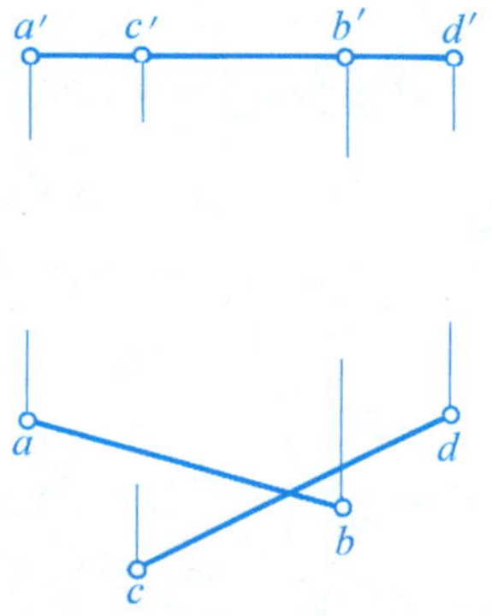

(　　　　　　)

(4)

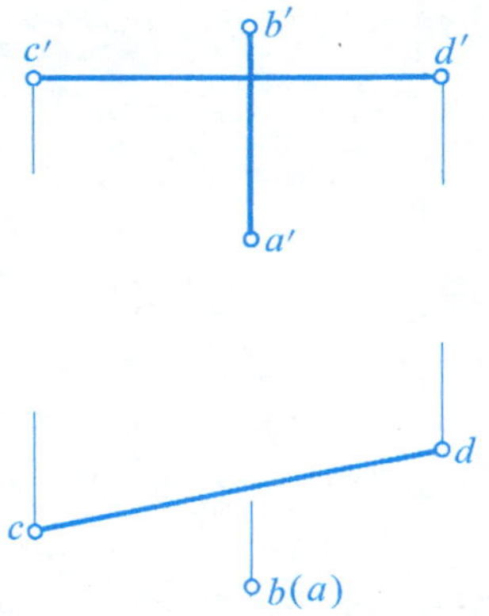

(　　　　　　)

(5)

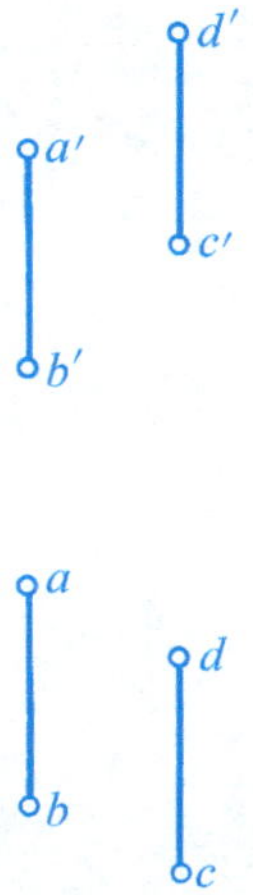

(　　　　　　)

(6)

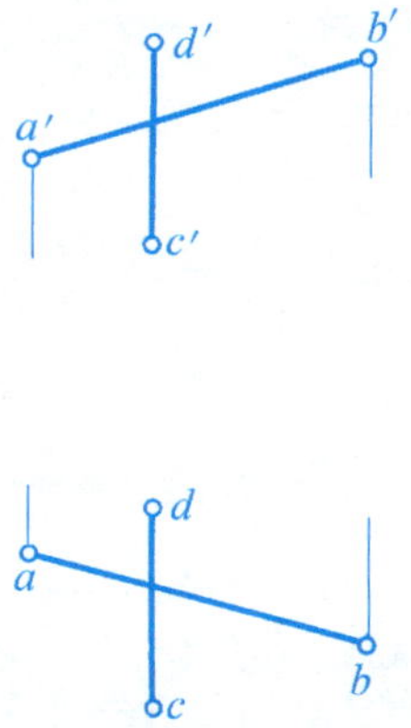

(　　　　　　)

班级　　　　学号　　　　姓名　　　　日期

9. 求点 K 到直线 AB 的距离。

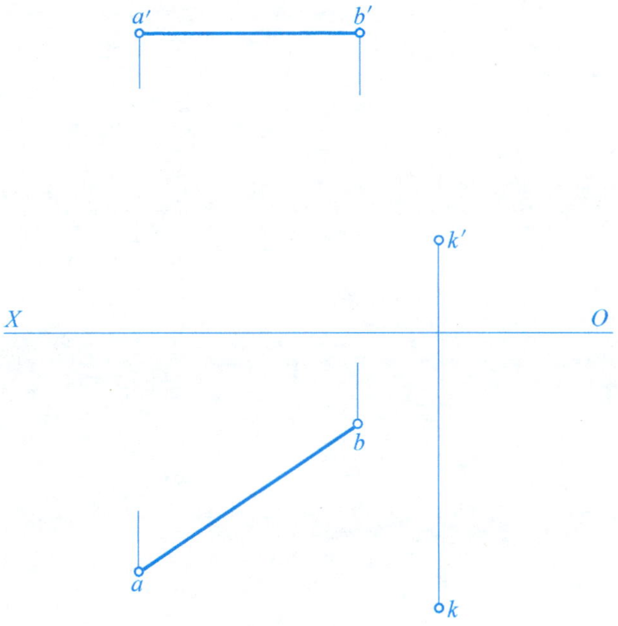

10. 过点 D 作一直线平行于 V 面，并与直线 AB 相交。

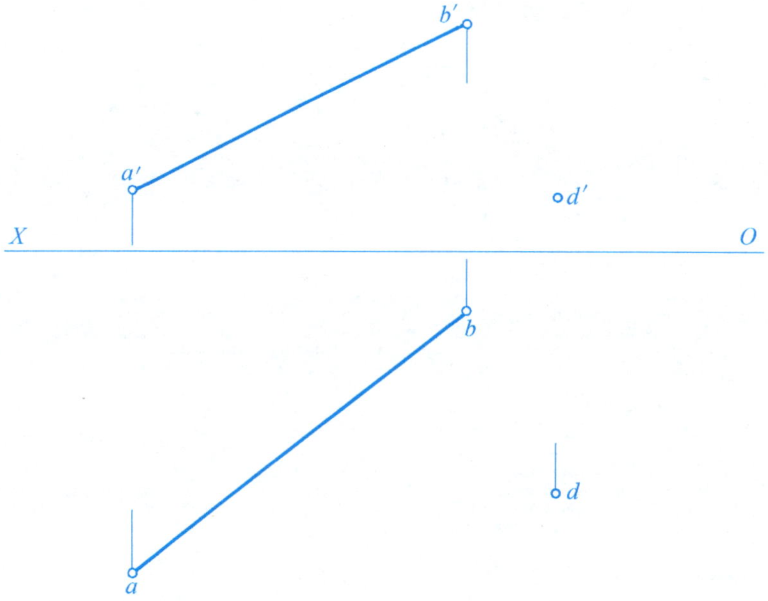

班级　　学号　　姓名　　日期

1. 已知台阶的 H 面和 V 面投影，试作出其 W 面投影，并在下面的表格内填上指定各表面与投影面的相对位置。

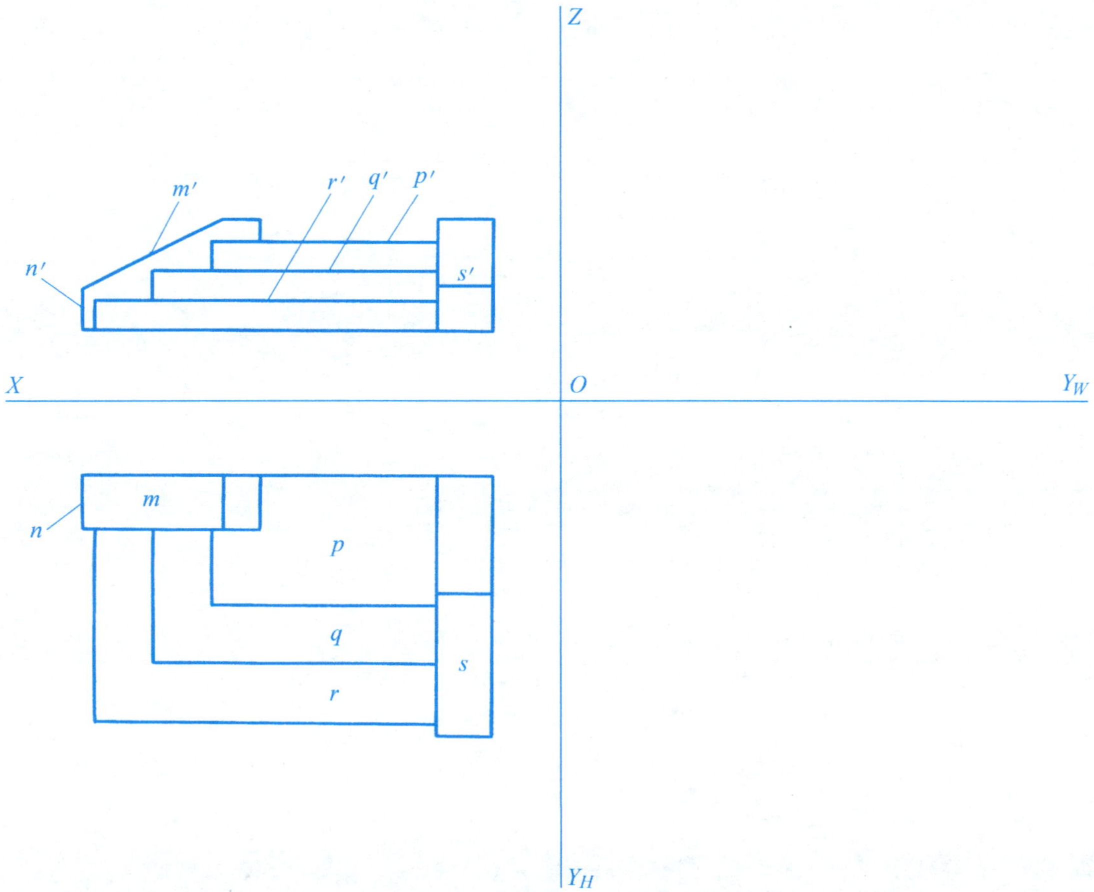

平面	与投影面相对位置
M	
N	
P	
Q	
R	
S	

班级　　学号　　姓名　　日期

2. 已知 D 是△ABC 内一点，补画其 V 面投影，并判断点 E、F 是否在△ABC 内。

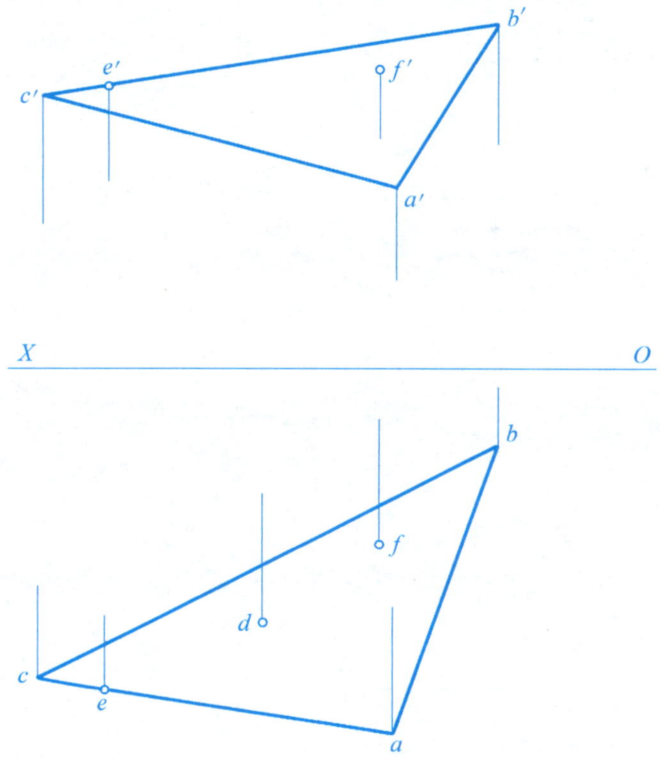

3. 在△ABC 内作距 V 面为 20mm 的正平线。

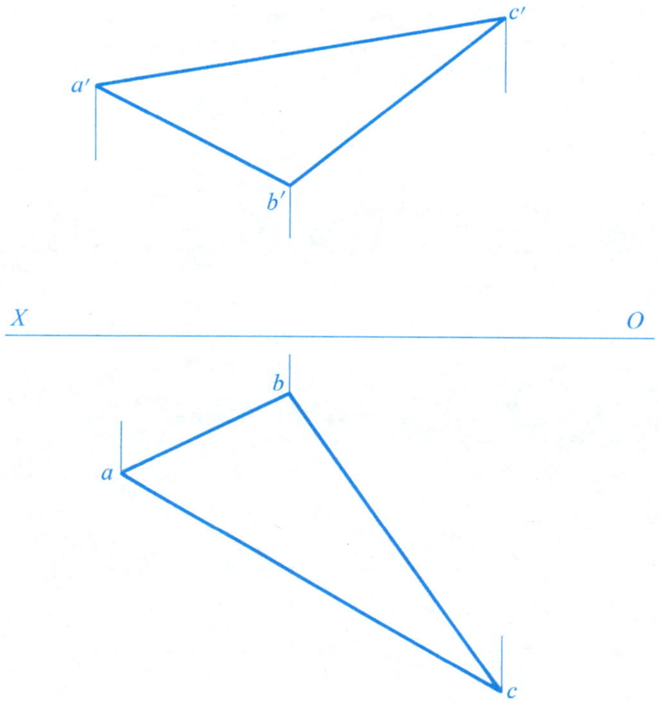

班级　　　　学号　　　　姓名　　　　日期

4. 补画平面内△*ABC* 的正面投影。

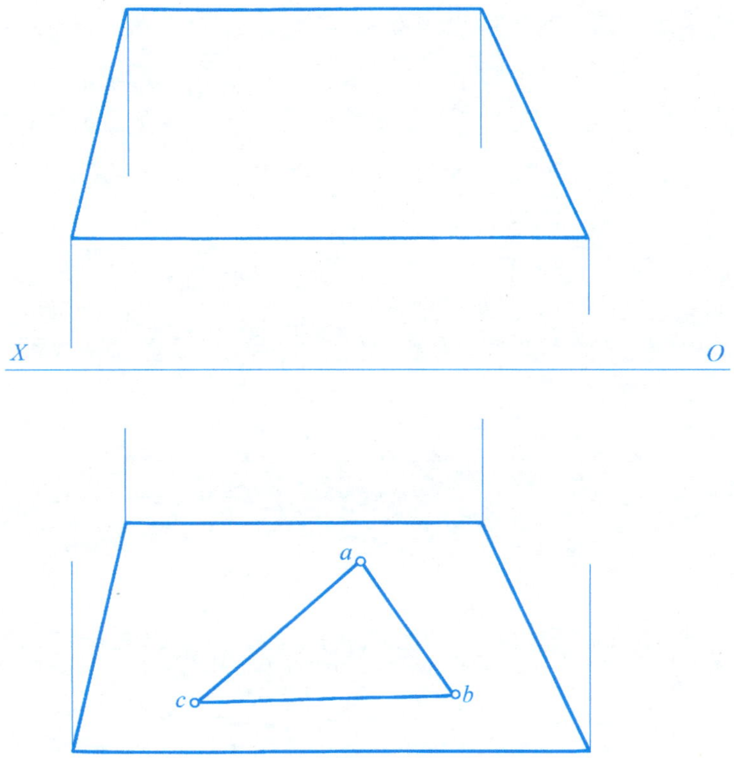

5. 已知四边形 *ABCD*，其中对角线 *AC* 为正平线，求四边形 *ABCD* 的水平投影。

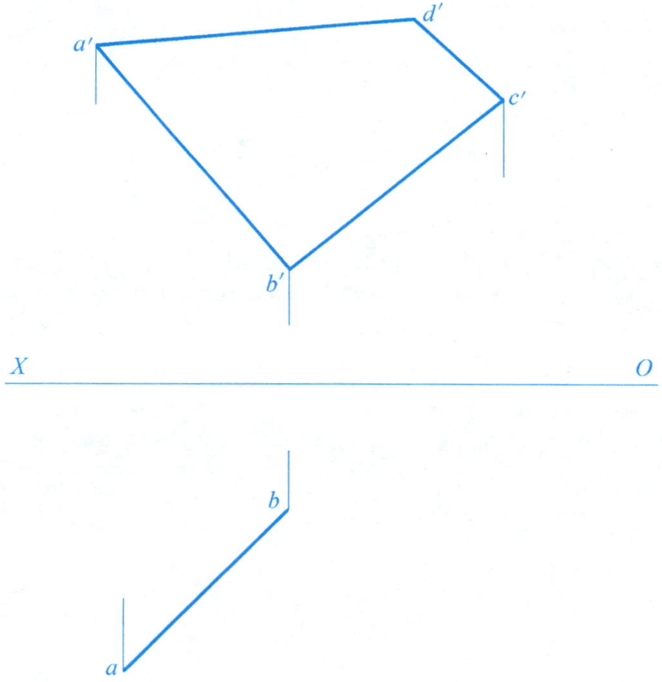

班级　　　　学号　　　　姓名　　　　日期

四、曲线与曲面

1. 已知圆平面垂直于 V 面，$\alpha=30°$，直径为 30mm，又知圆心 C 的位置，完成圆的三面投影。

2. 已知导圆柱的水平投影和导程 S，右旋。完成圆柱螺旋线的投影。

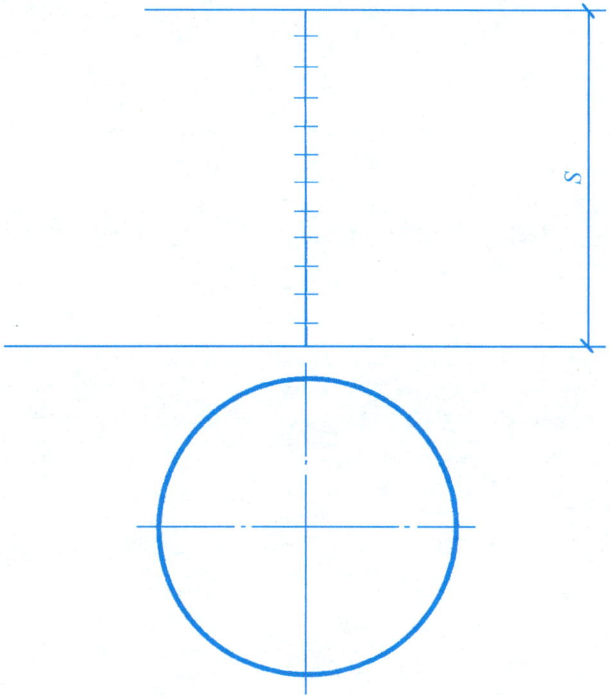

班级　　学号　　姓名　　日期

3. 已知圆柱平螺旋面导圆柱的水平投影、导程 S 和旋向，完成其 V、H 面投影。

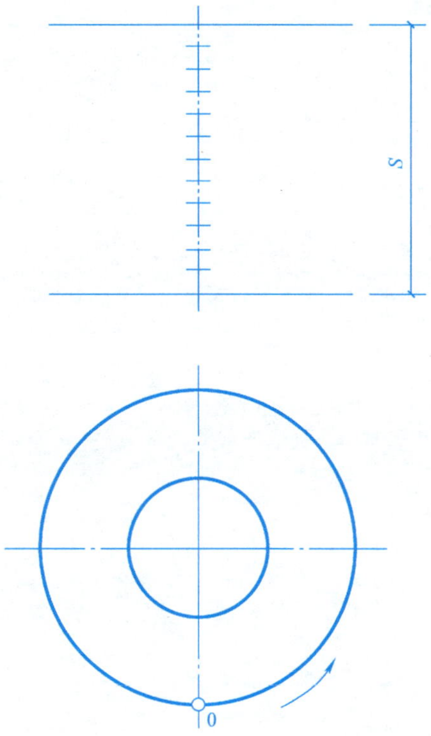

4. 已知石材螺旋扶手的 H 及部分 V 面投影，试补全其投影（提示：将 $S/2$ 范围六等分）。

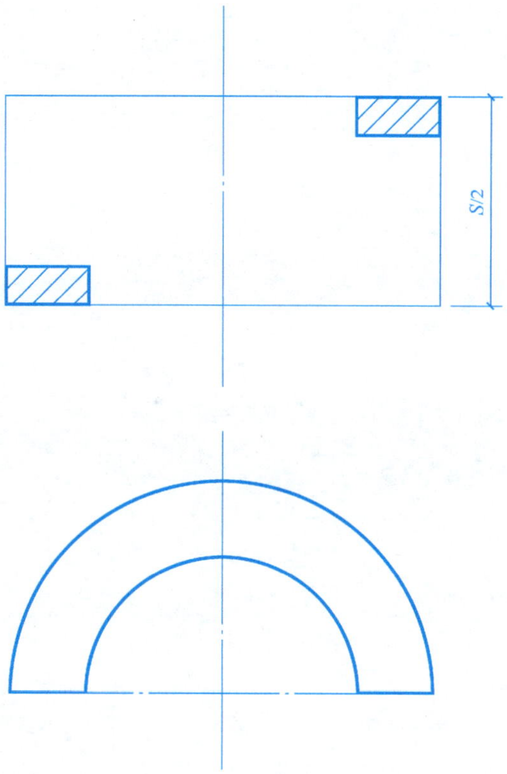

班级　　学号　　姓名　　日期

5. 已知螺旋楼梯的内外圆柱面的 *H* 投影，楼梯高为 *H*，踏步高为 *H*/12，试绘制该楼梯的投影。

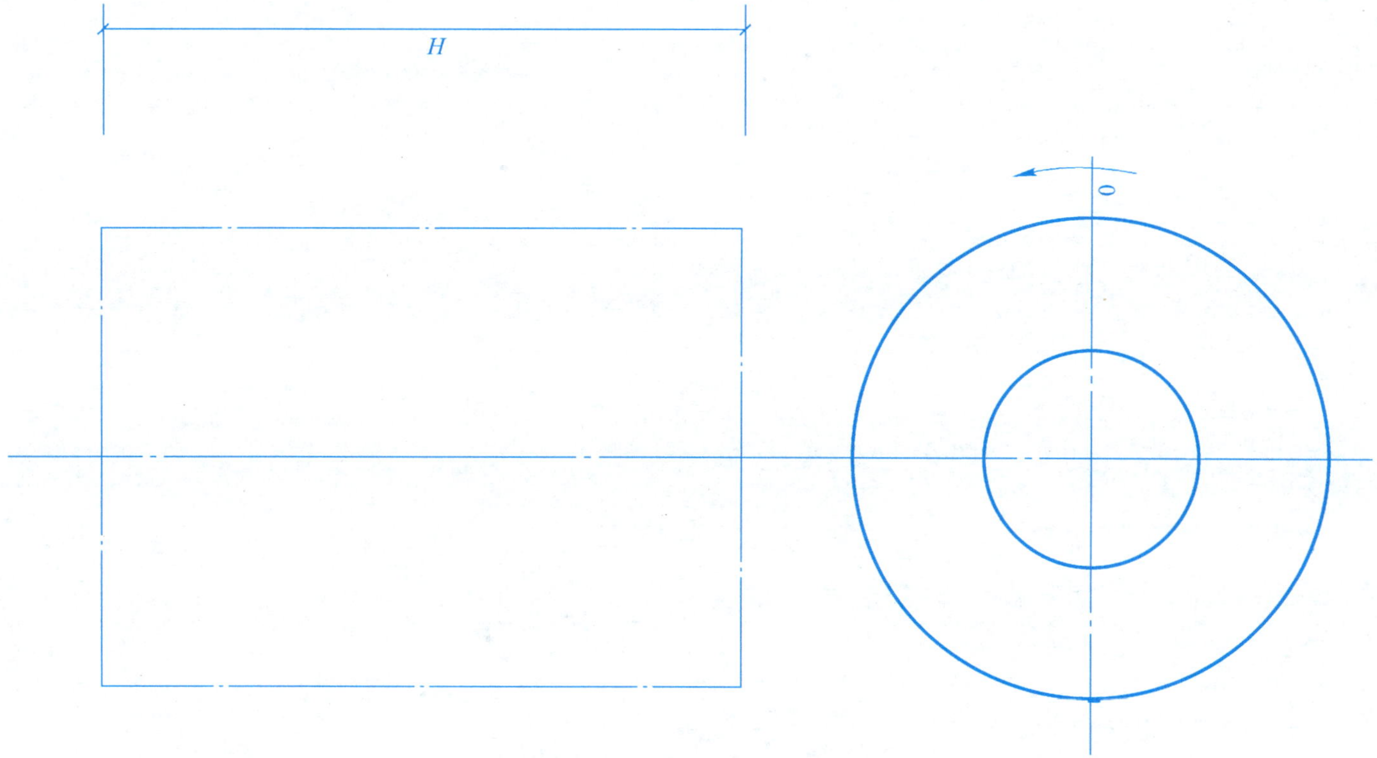

班级　　　　学号　　　　姓名　　　　日期

6. 已知圆柱面上点 *A*、*B*、*C* 的一个投影，求作其余两投影。

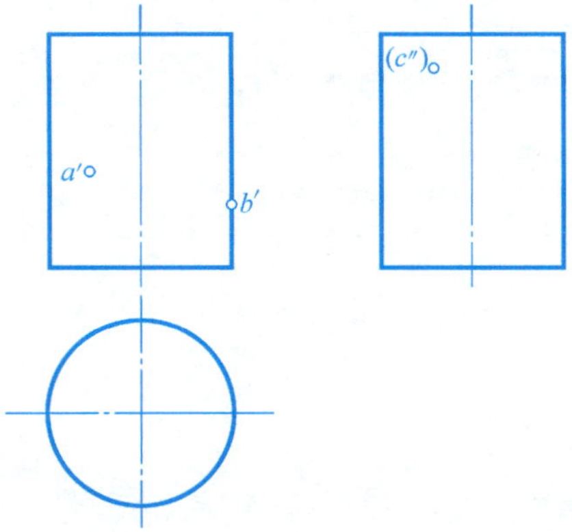

7. 已知圆柱面上线段 *AB*、*CD* 的一个投影，求作其余两投影。

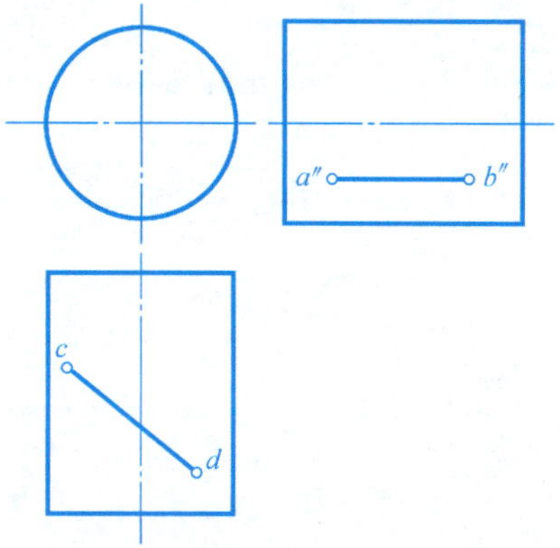

8. 已知圆柱面上线段 *AB*、*CD* 的一个投影，求作其余两投影。

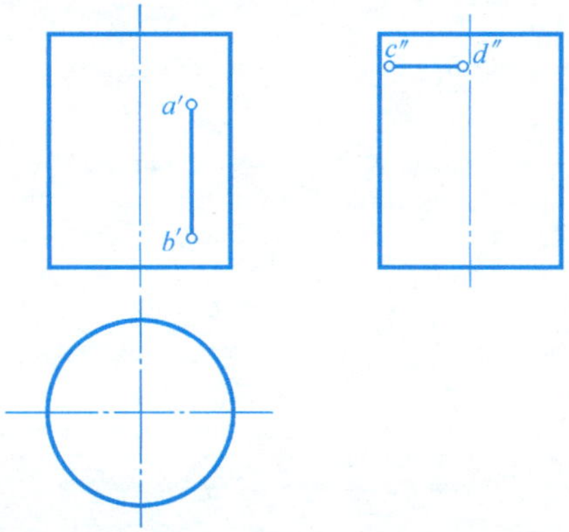

9. 已知半圆柱面上线段 *AB*、*CD* 的一个投影，求作其余两投影。

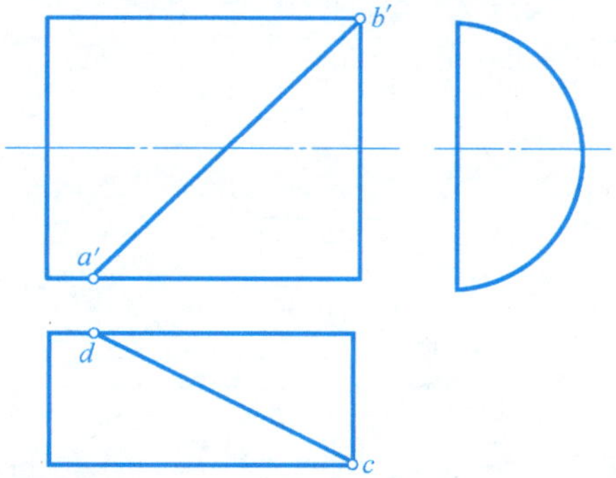

班级　　　　学号　　　　姓名　　　　日期

10. 已知圆锥面的 *H*、*V* 面投影，补画 *W* 面投影，并作出圆锥表面上点 *M*、*N*、*K* 所缺投影。

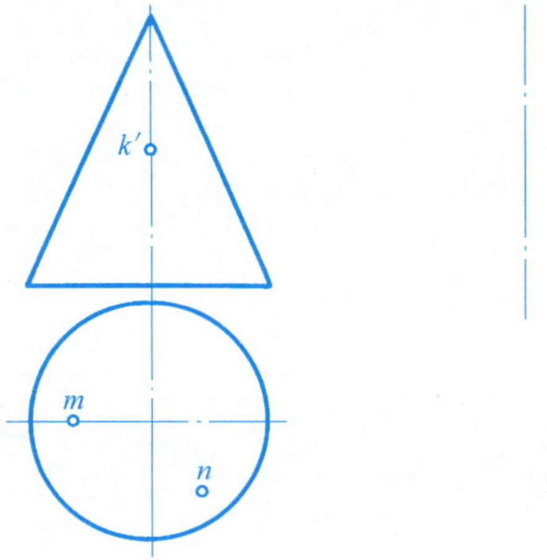

11. 已知圆球面上点 *A*、*B*、*C* 的一个投影，求作其余两投影。

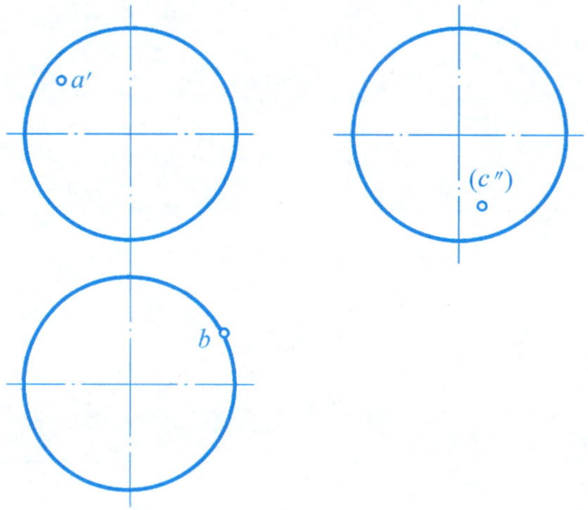

12. 已知圆锥面上线段 *AB*、*CD* 的一个投影，求作其余两投影。

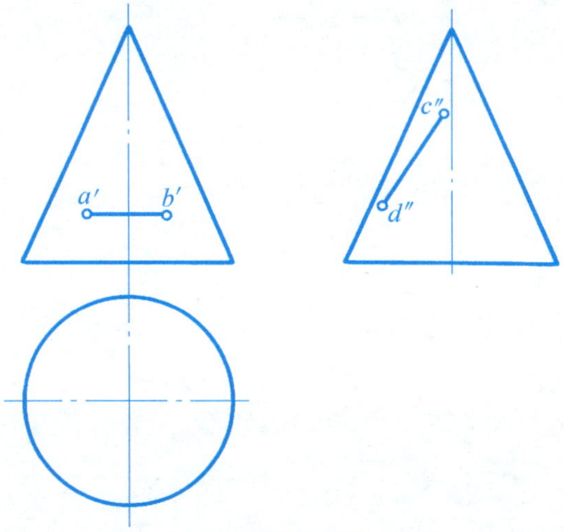

13. 已知圆球面上线段 *AB*、*CD* 的一个投影，求作其余两投影。

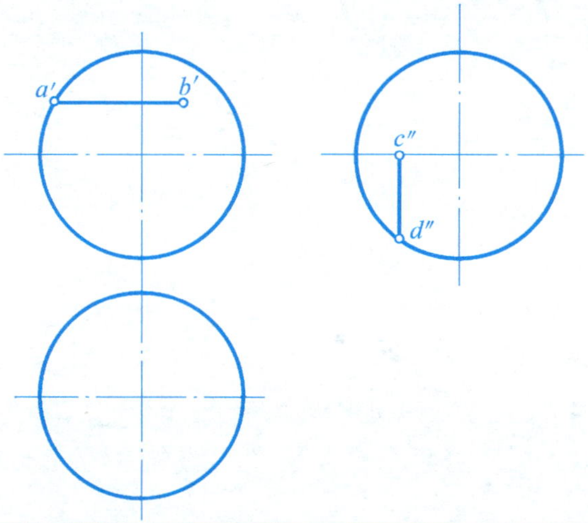

班级　　　学号　　　姓名　　　日期

五、形体与形体间的表面交线

5－1 曲面体投影及表面的点和线

1. 试完成下面立体的 V、H 面投影。

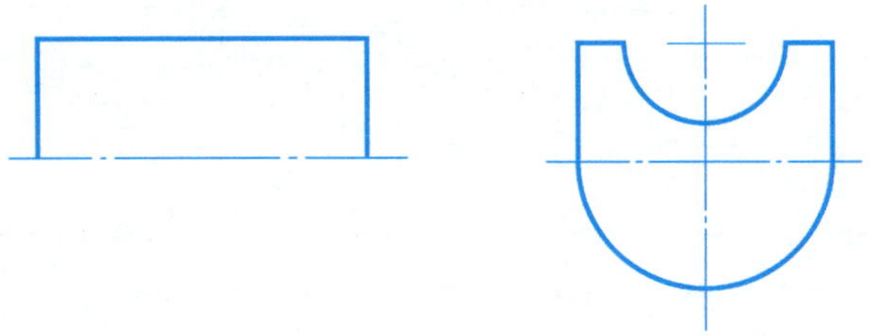

2. 补全半球体的 W 面投影，并求其表面线段 AB、CD、EF 的另两面投影。

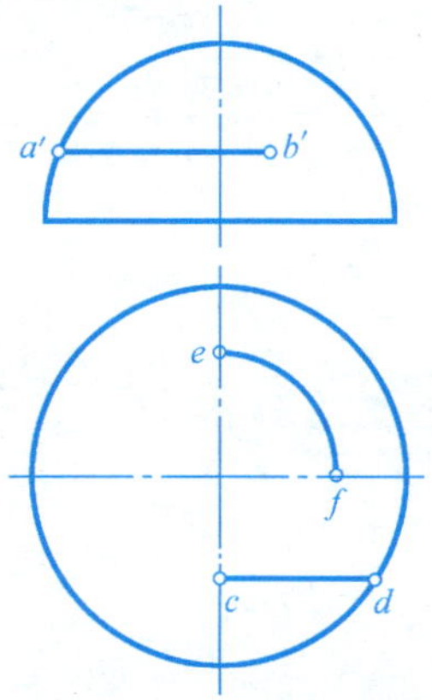

3. 试完成半球体和两圆台叠加后的 H、W 面投影。

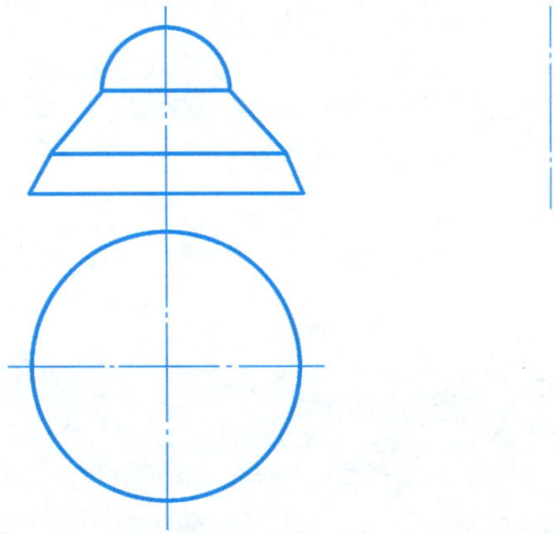

4. 已知半圆锥体的两面投影，作出其表面上线段 AB 和 CD 的其余投影。

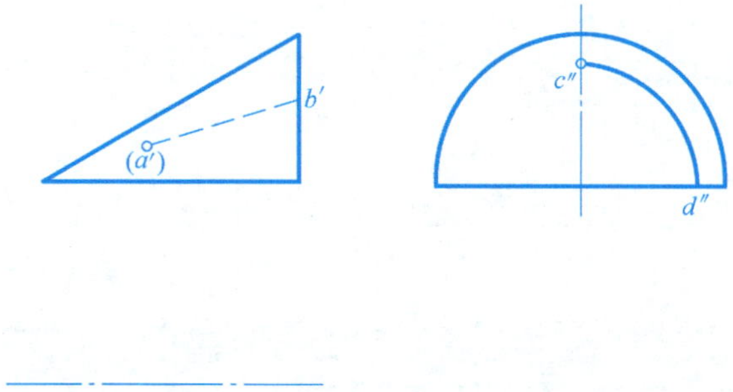

班级　　　　学号　　　　姓名　　　　日期

5－2　平面体上的截交线

1. 求三棱柱被正垂面截断后截交线的投影。

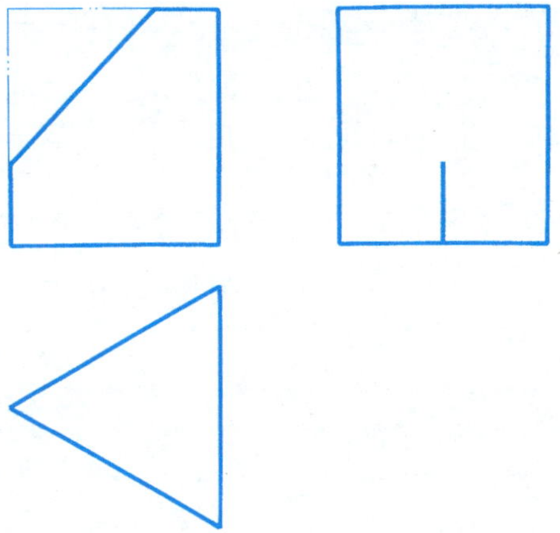

2. 求长方体被截后的 V、H、W 投影。

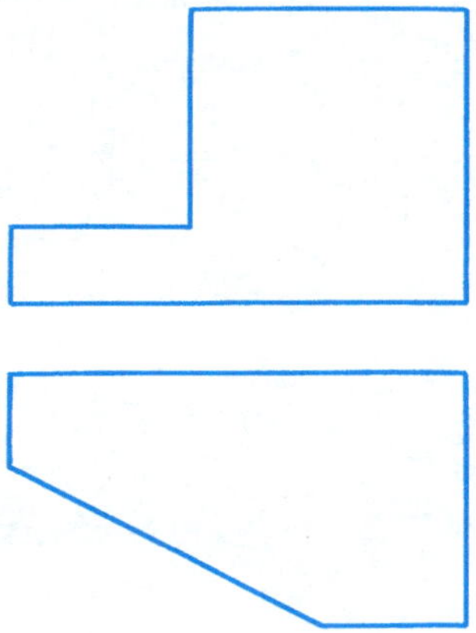

3. 求平面 P 与三棱锥的截交线。

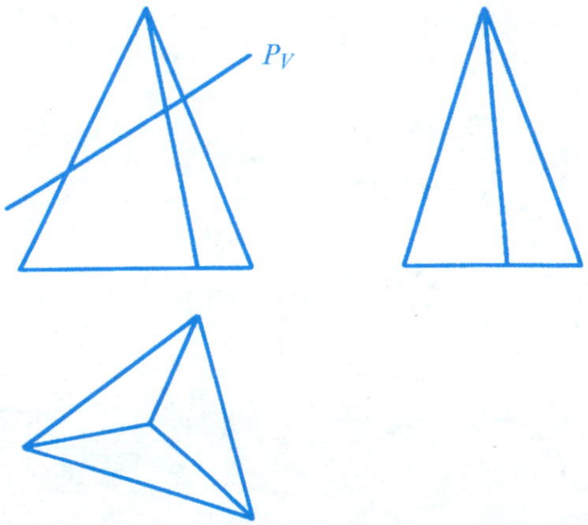

4. 求 T 形块截断后的 H、W 投影。

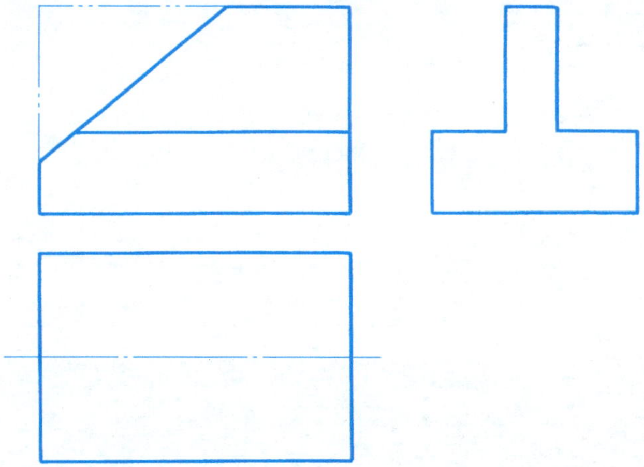

班级　　　　学号　　　　姓名　　　　日期

5. 求三棱锥被截切后的 *H*、*W* 面投影。

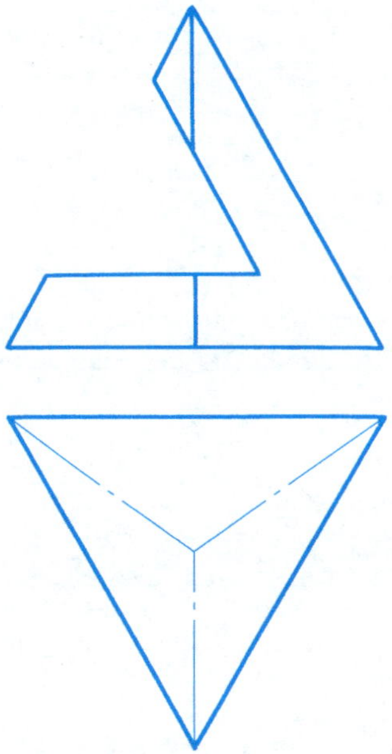

6. 完成三棱柱被截切后的投影。

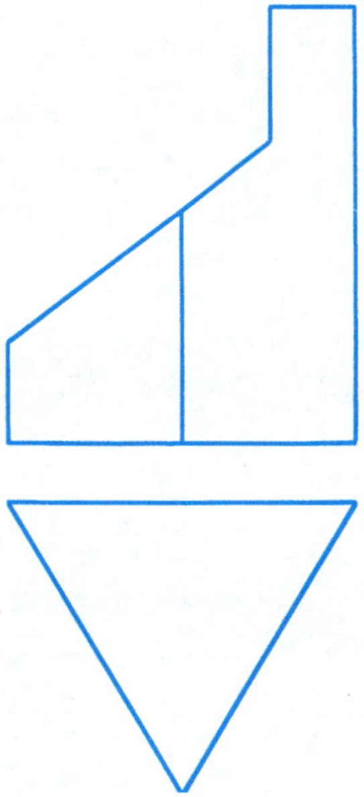

班级　　　　学号　　　　姓名　　　　日期

7. 完成四棱锥被截切后的投影。

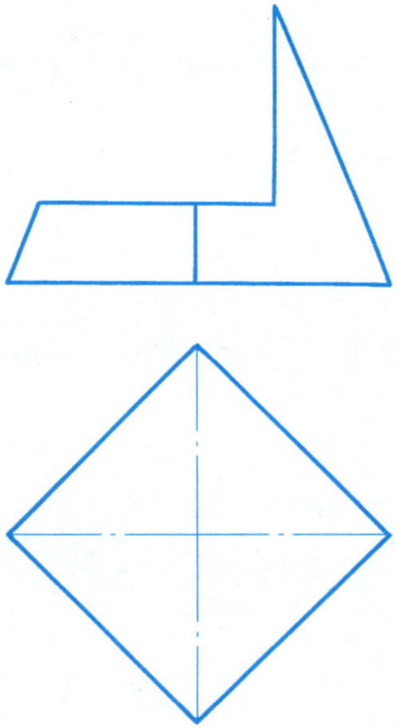

8. 完成开槽四棱柱的 *W* 面投影。

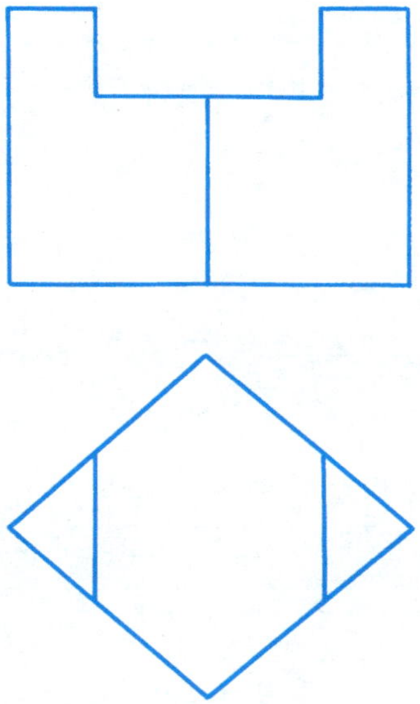

班级　　　　学号　　　　姓名　　　　日期

9. 求带缺口的四棱台的 *H*、*W* 面投影。

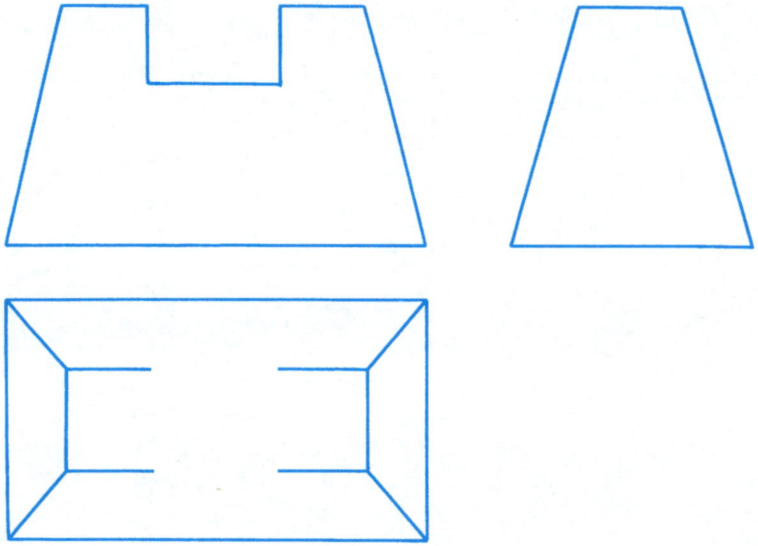

10. 完成穿孔三棱柱的 *W* 面投影。

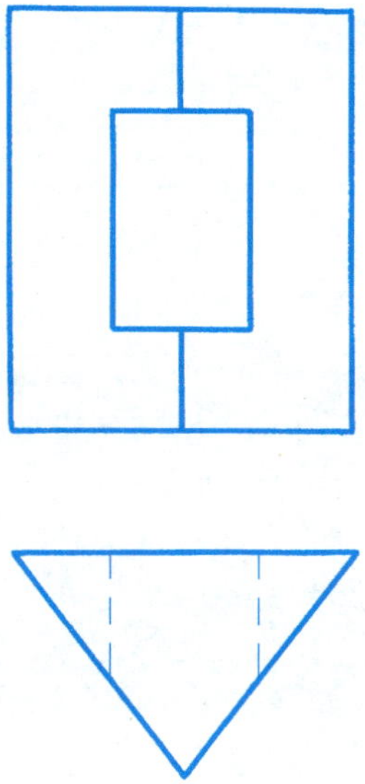

班级　　　　学号　　　　姓名　　　　日期

5－3　曲面体上的截交线

1. 求平面 P 与圆柱交线的 H 面投影。

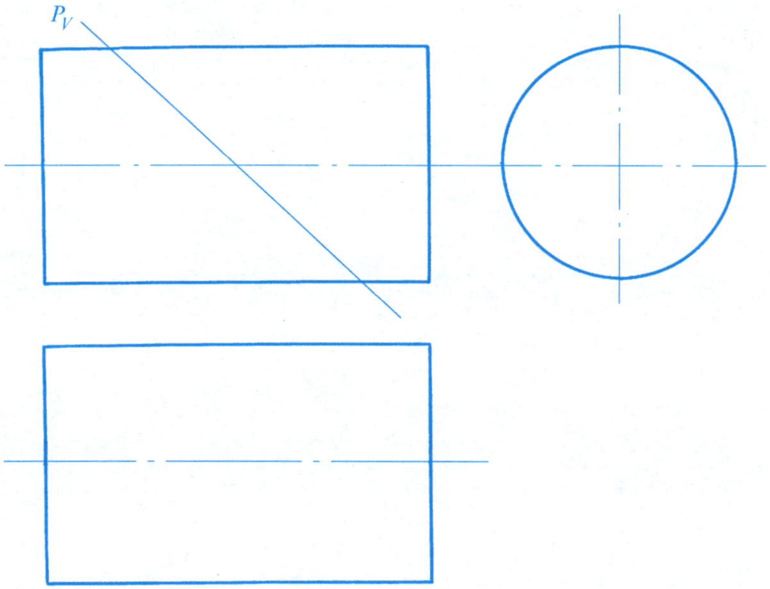

2. 求平面 Q 与圆锥的截交线。

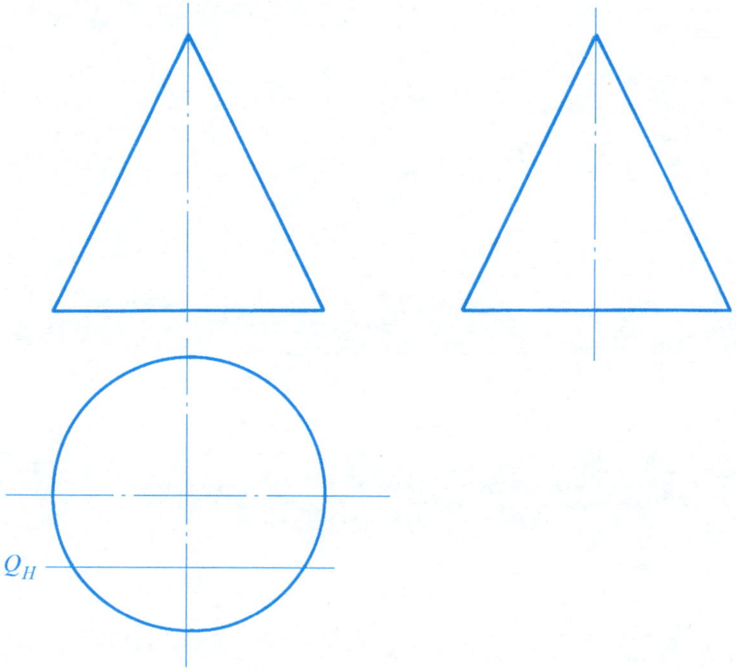

班级　　　学号　　　姓名　　　日期

3. 求平面 P 与圆锥交线的 H、V 面投影。

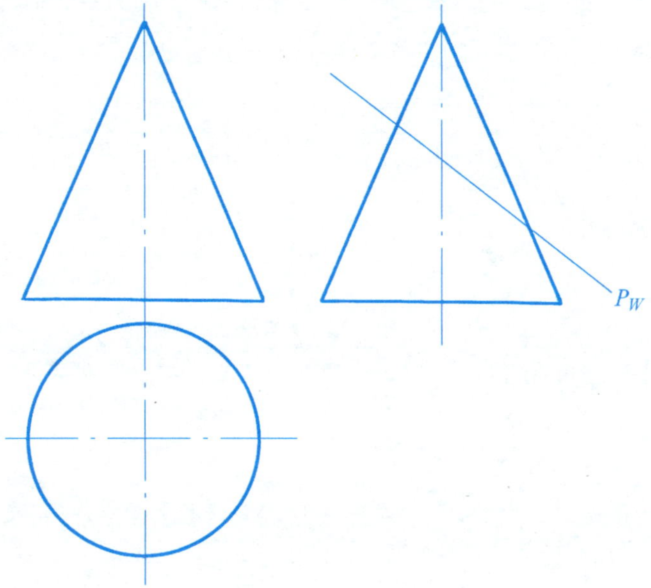

4. 求带缺口的球的 H、W 面投影。

班级　　学号　　姓名　　日期

5. 完成被截切圆柱的三面投影。

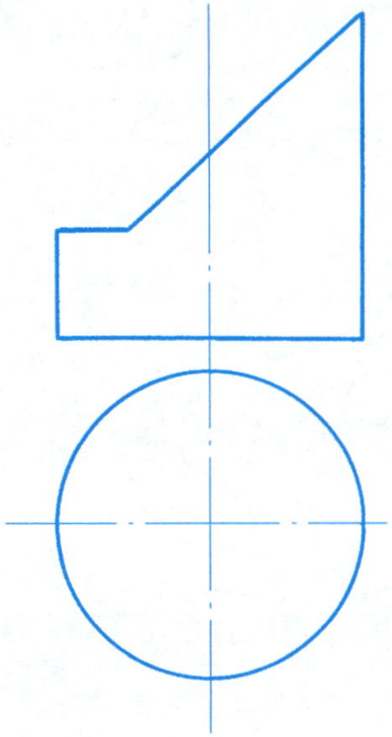

6. 补出圆柱切割体的 *H*、*V* 面投影。

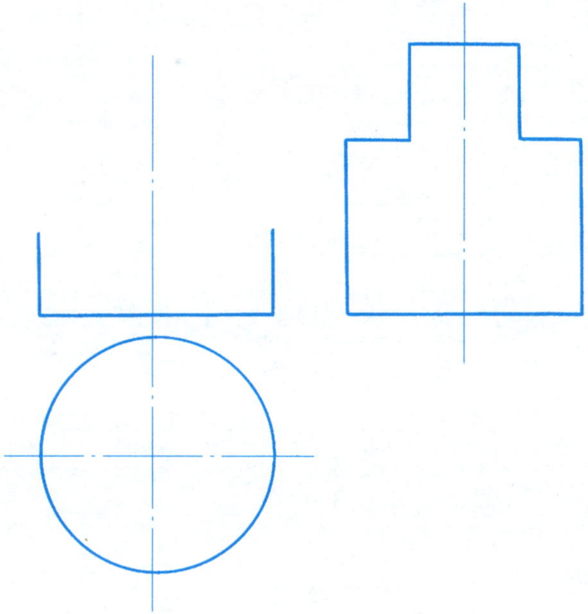

班级　　　　学号　　　　姓名　　　　日期

7. 求圆锥切割体的 *H*、*V* 面投影。

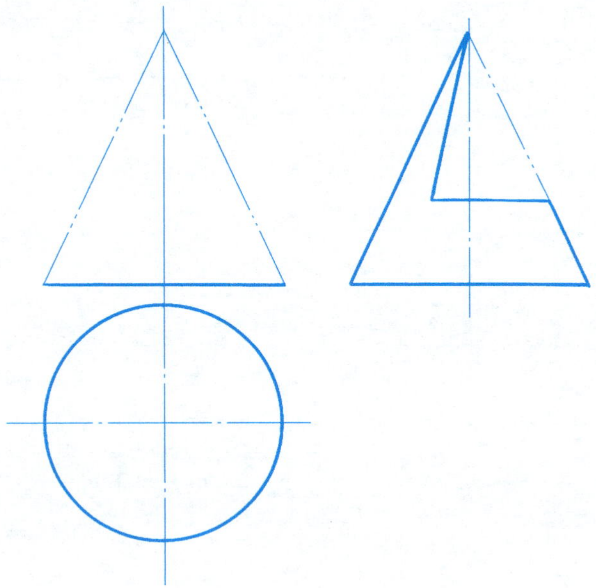

8. 求圆锥切割体的 *H*、*W* 面投影。

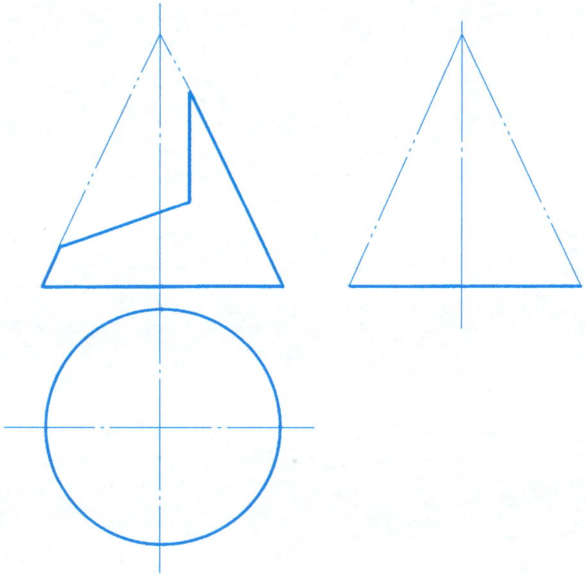

班级　　　　学号　　　　姓名　　　　日期

9. 补全圆柱切口体的 *H*、*W* 面投影。

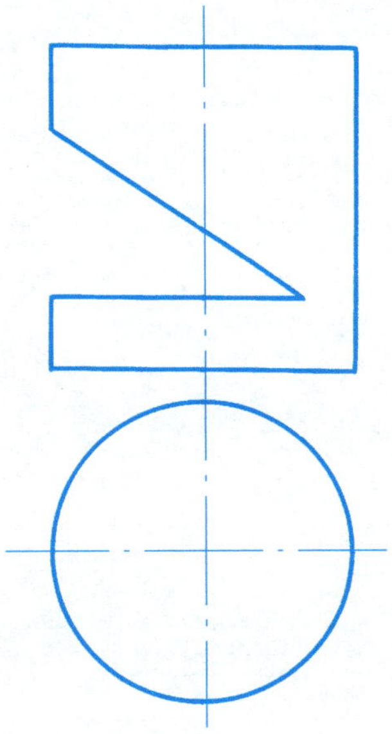

10. 完成被截切半圆球的三面投影。

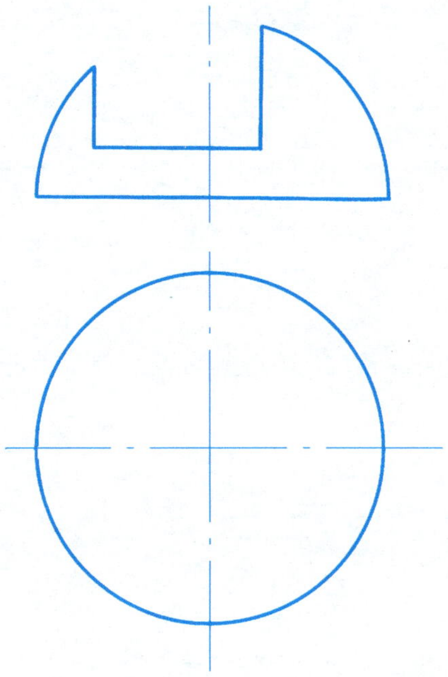

班级　　　　学号　　　　姓名　　　　日期

5-5　平面体与曲面体相贯

求平面体与曲面体的相贯线。

(1)

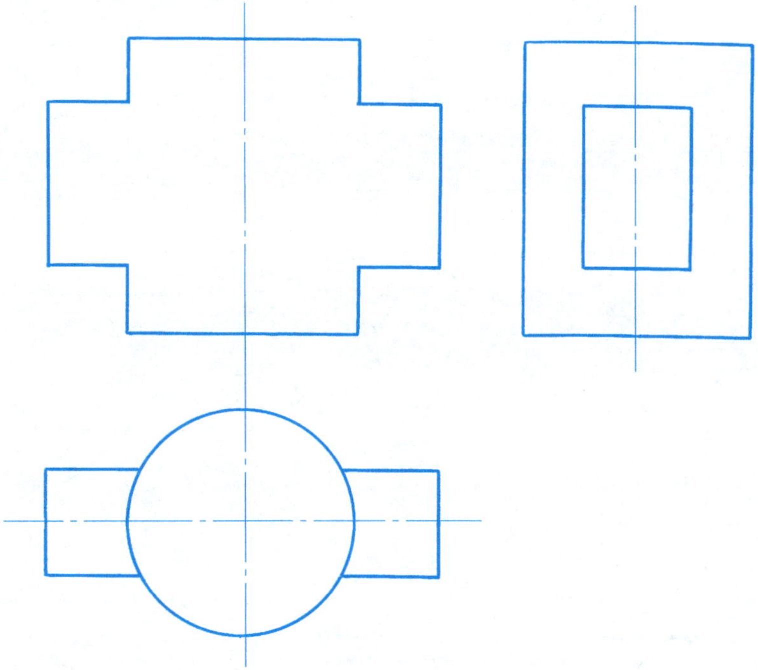

(2)

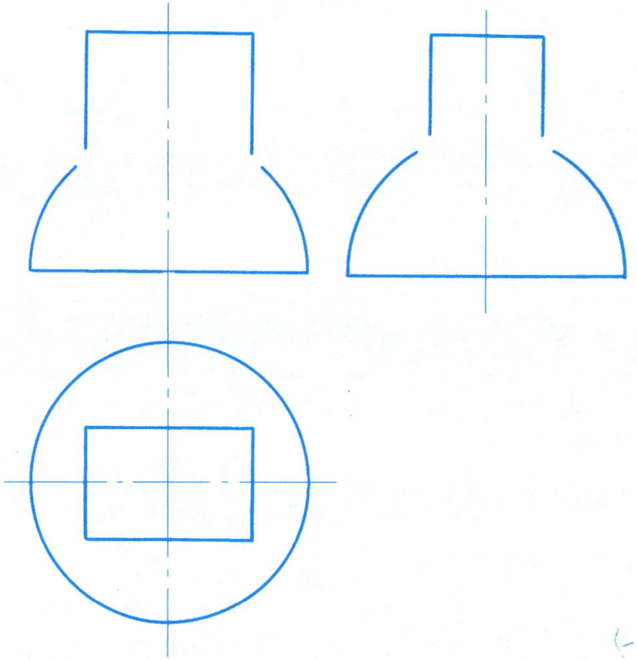

班级　　　　学号　　　　姓名　　　　日期

5－6　两曲面体相贯

求两曲面体的相贯线。

(1)

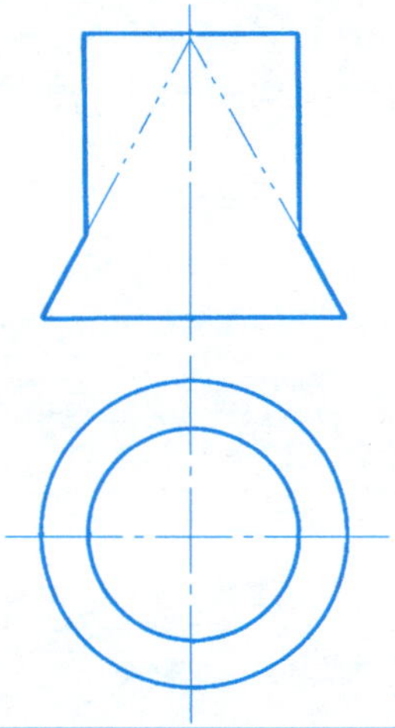

(2)

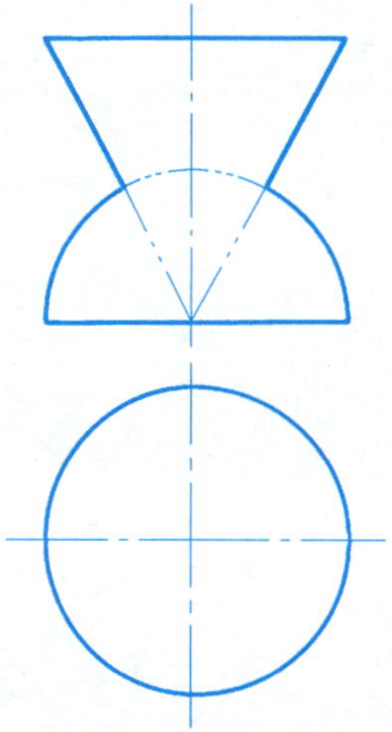

(3)

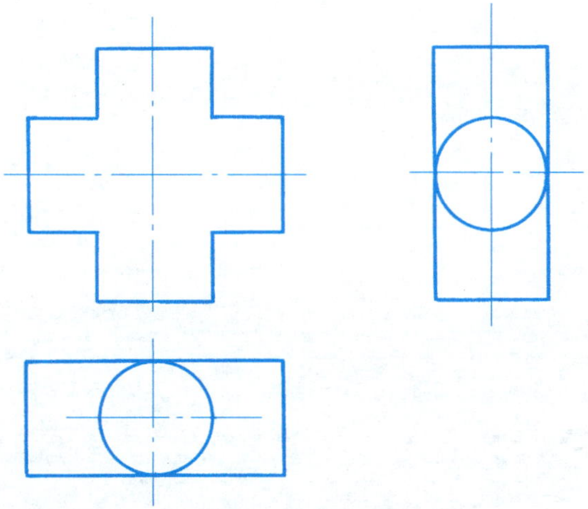

(4)

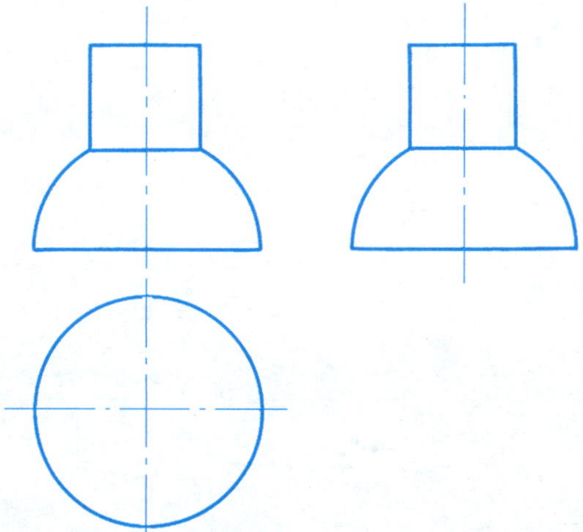

班级　　　　学号　　　　姓名　　　　日期

六、组合体的投影

6－1　基本形体及尺寸标注

标注下列几何体的尺寸（尺寸从图中量取，取整数）。

（1）

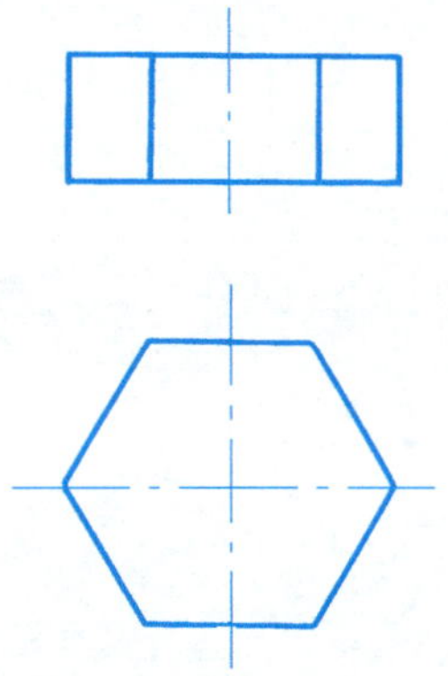

（2）

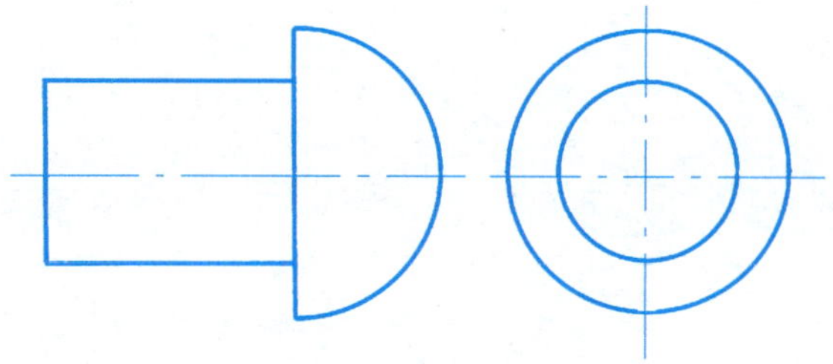

（3）

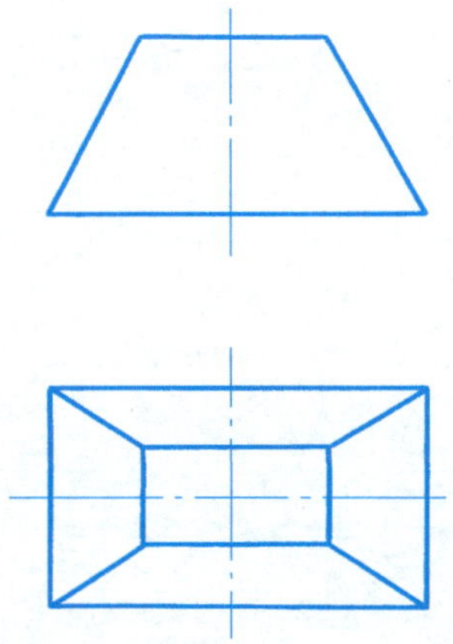

（4）

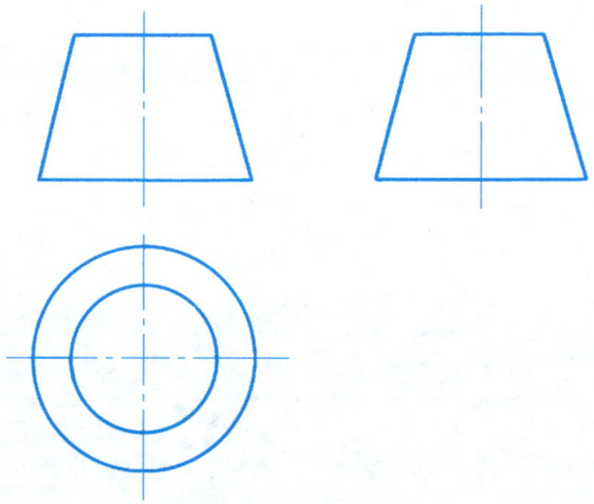

班级　　　　学号　　　　姓名　　　　日期

6-2 组合体投影图的画法

1. 根据轴测图，作组合体的三面投影图（尺寸从立体图中直接量取）。

(1)

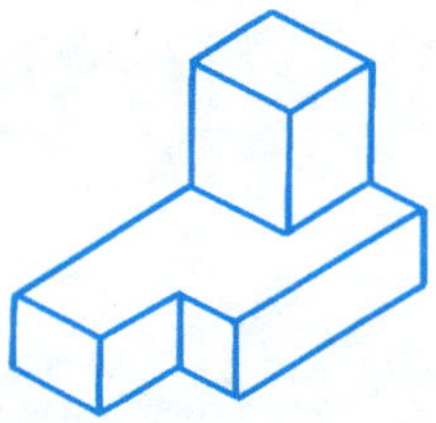

(2)

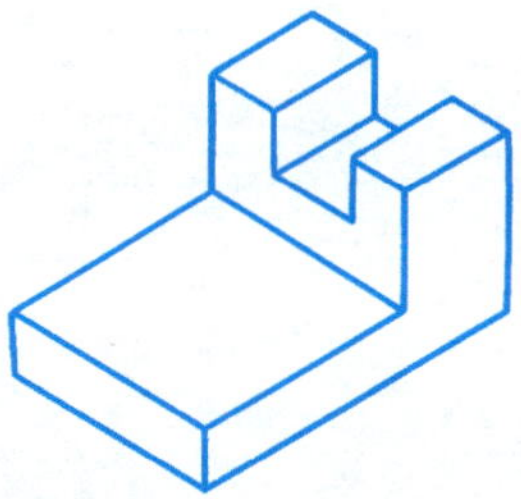

(3)

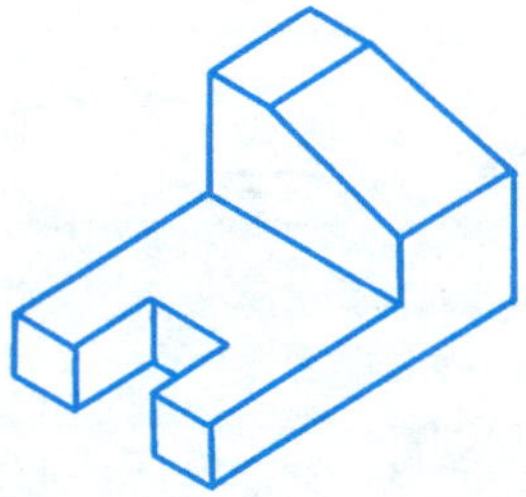

(4)

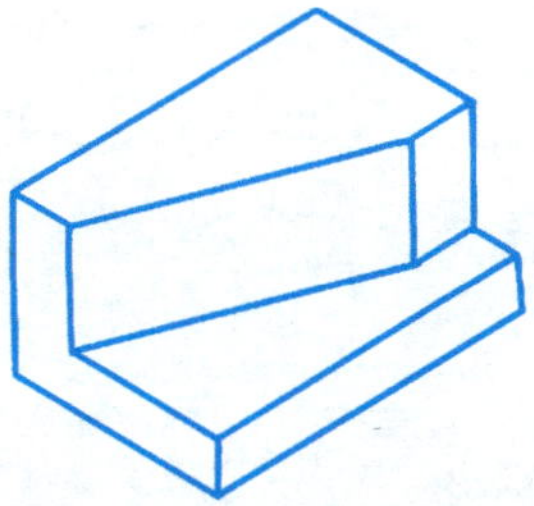

班级　　　　学号　　　　姓名　　　　日期

(5)

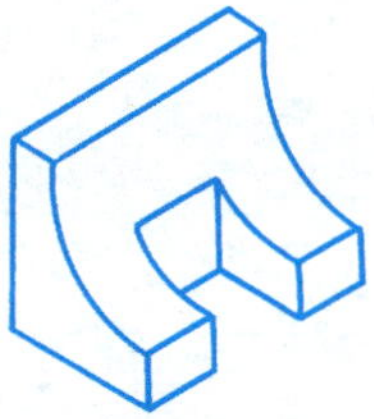

(6)

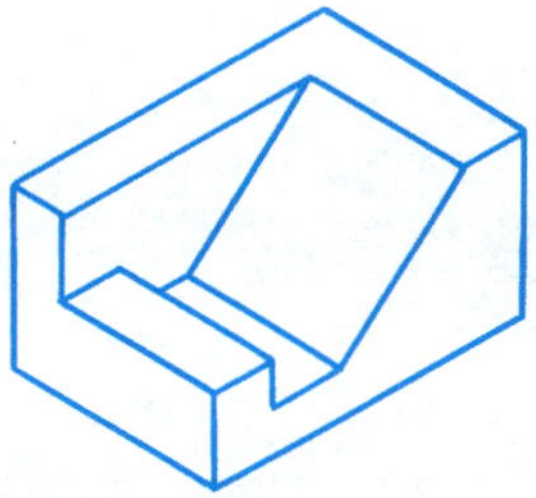

(7)

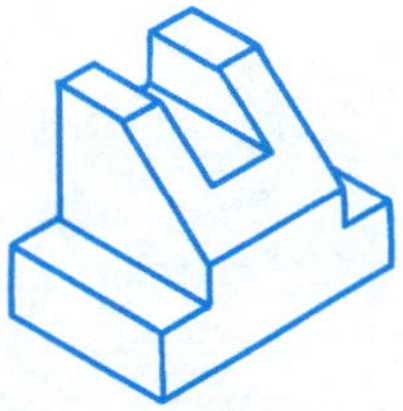

(8)

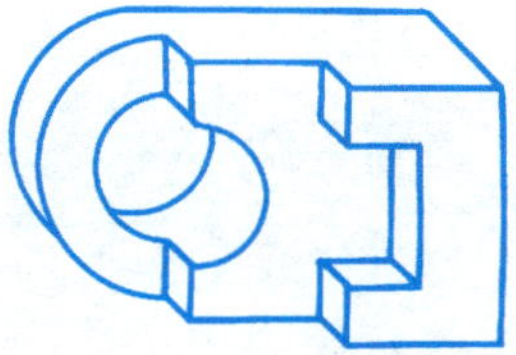

班级　　学号　　姓名　　日期

2. 根据轴测图，补画第三投影。

(1)

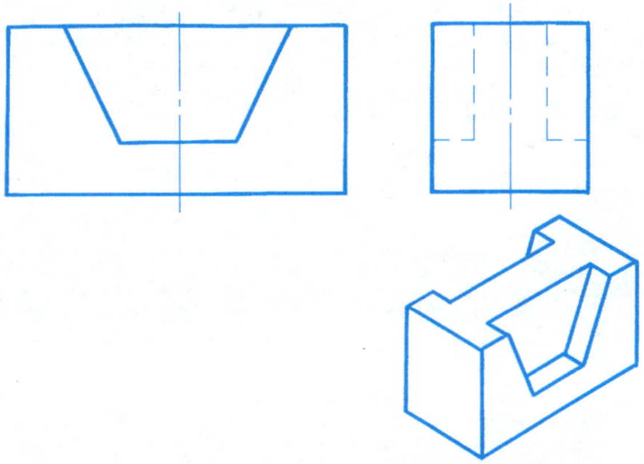

(2)

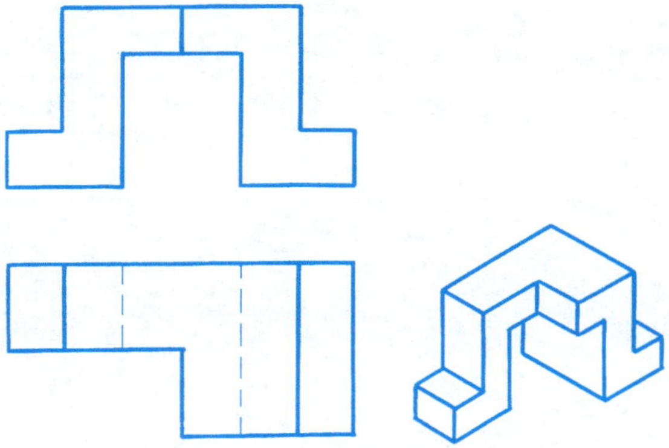

(3)

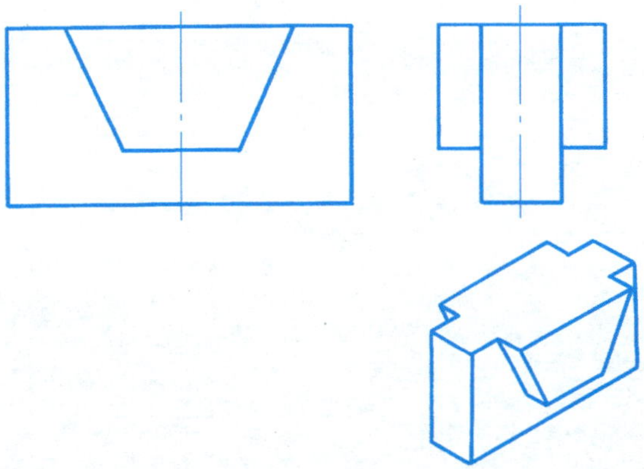

(4)

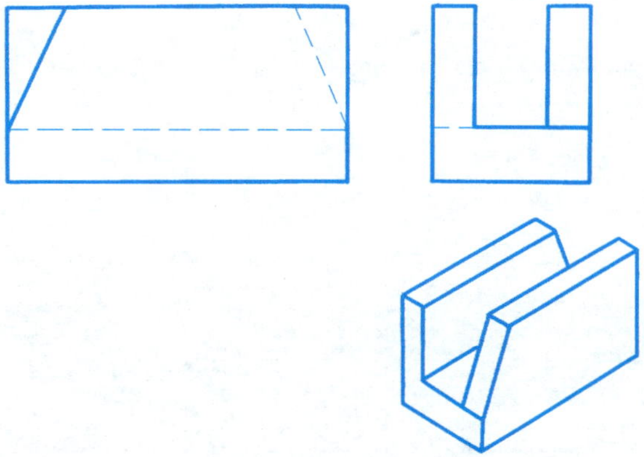

班级　　学号　　姓名　　日期

3. 根据所给的 H 或 V 面投影，想象组合体的形状，然后补绘另两个投影（可一题多解）。

（1）

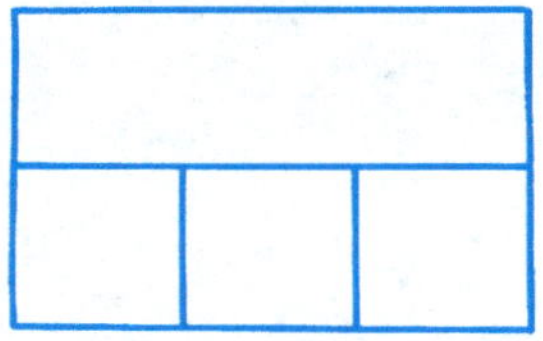

（2）

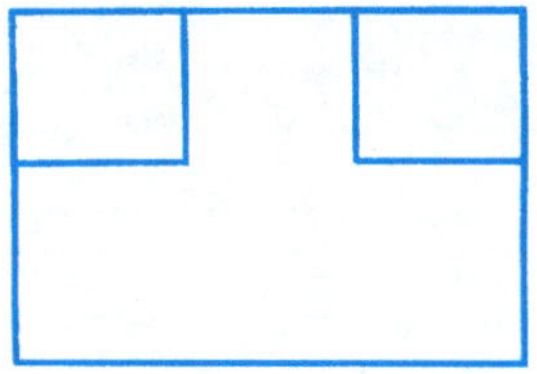

（3）

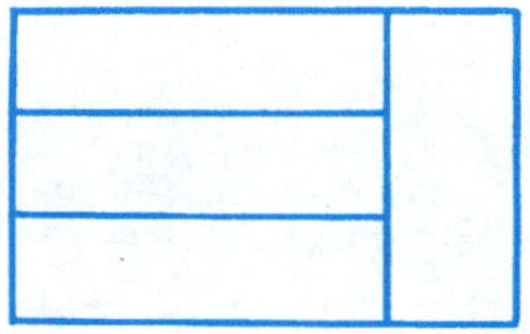

（4）

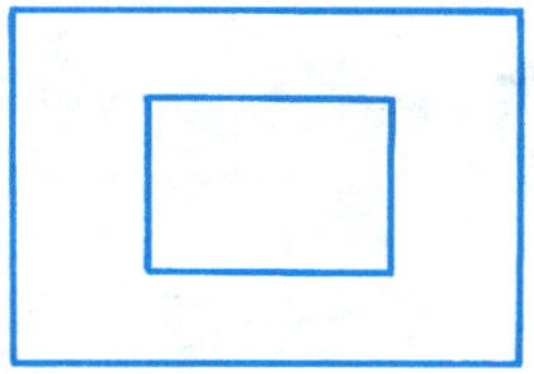

班级　　学号　　姓名　　日期

6-3 组合体投影图的尺寸标注

1. 根据轴测图，作组合体的三面投影图，并标注尺寸（比例 1:1）。

（1）

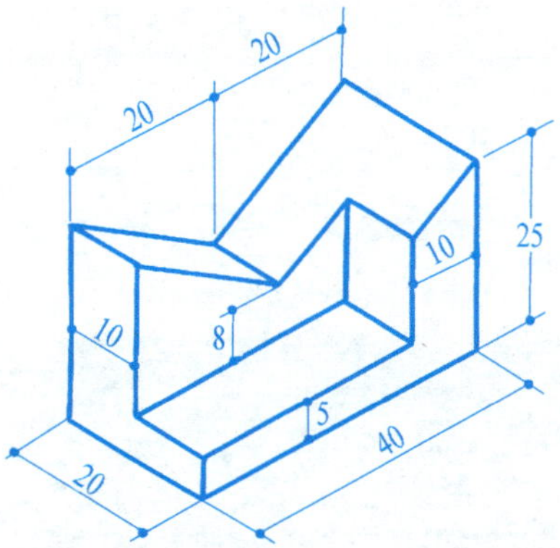

（2）

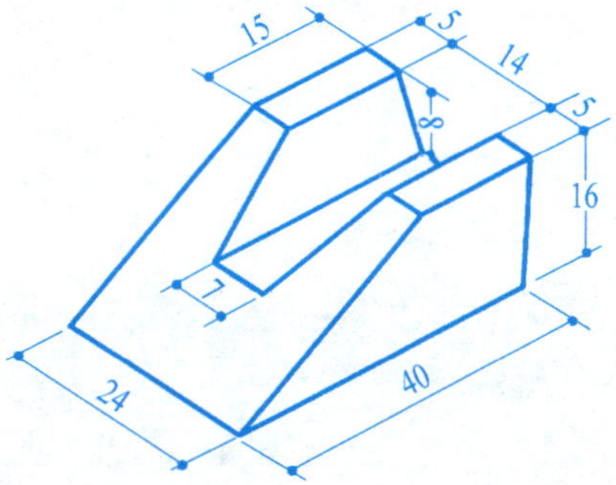

班级　　学号　　姓名　　日期

(3)

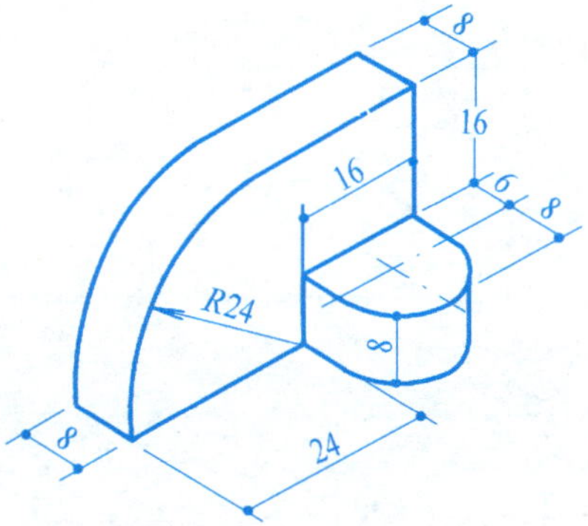

(4)

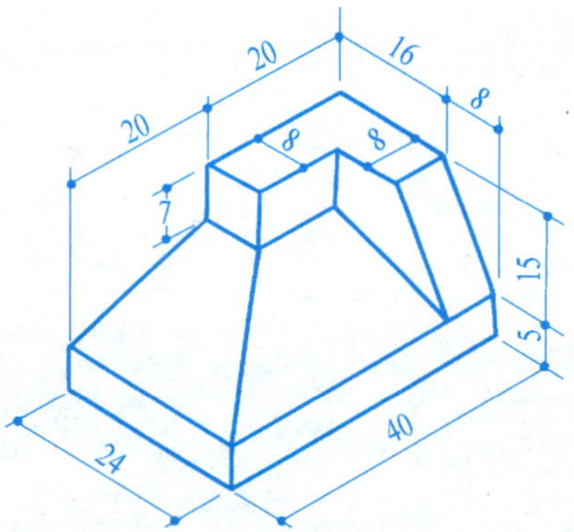

班级　　学号　　姓名　　日期

2. 根据轴测图，作建筑形体的三面投影图，并标注尺寸（比例自选）。

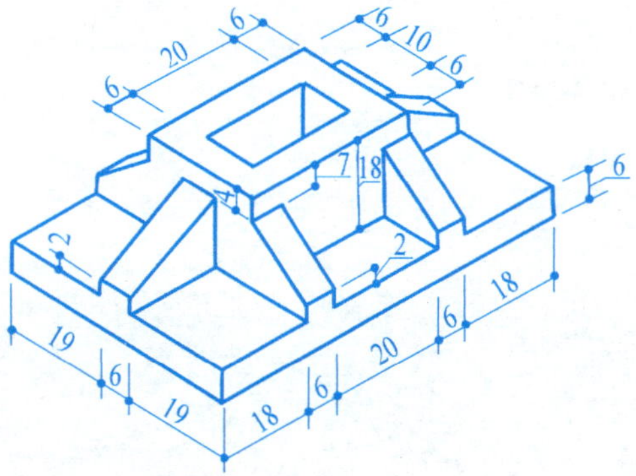

班级　　　　学号　　　　姓名　　　　日期

3. 根据轴测图，作建筑形体的三面投影图，并标注尺寸（比例自选）。

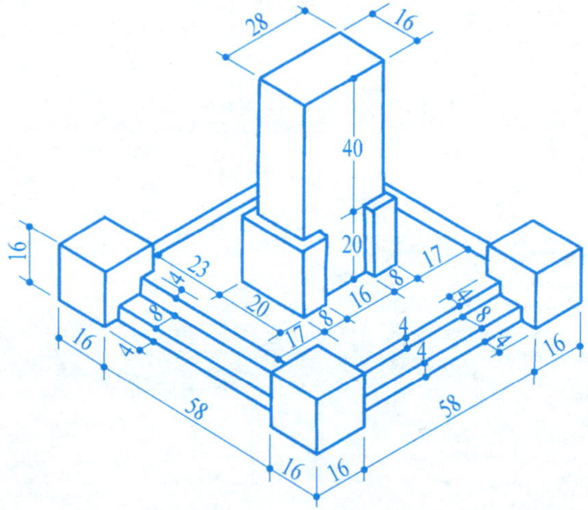

班级　　学号　　姓名　　日期

作业说明

（1）作业名称：建筑形体的画法。

（2）作业内容：根据轴测图画其三面投影图并标注尺寸。

（3）作业要求：比例 1∶1，A2 图幅，铅笔绘制。做到图线粗细均匀、线型分明，投影及尺寸内容正确，字体注写工整，图面匀称、整洁。

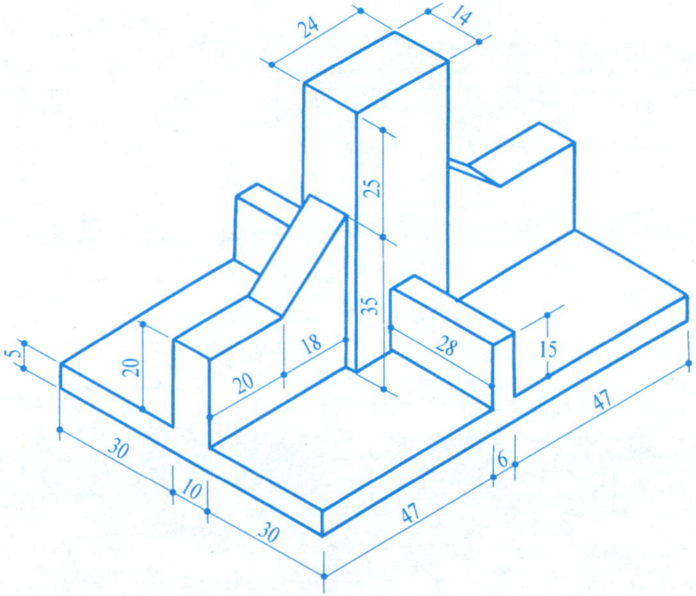

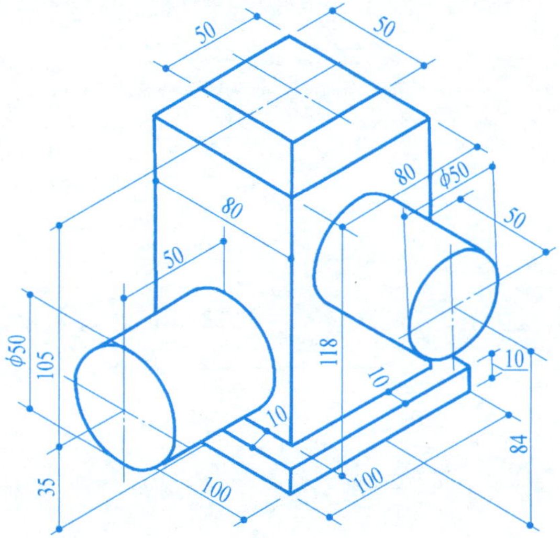

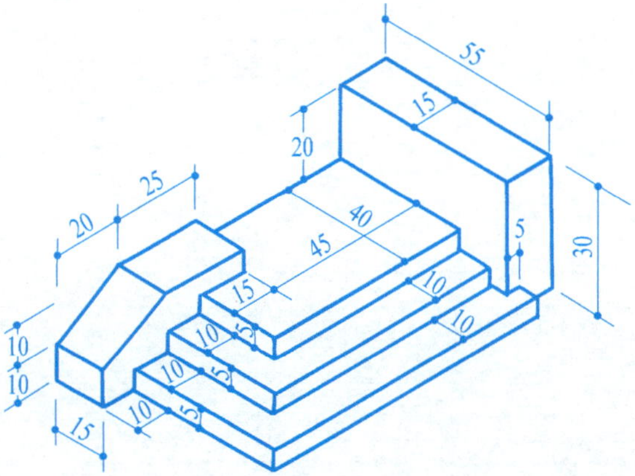

班级　　　学号　　　姓名　　　日期

6－5　组合体投影图的识读

1. 根据组合体的两面投影，补绘第三面投影。

(1)

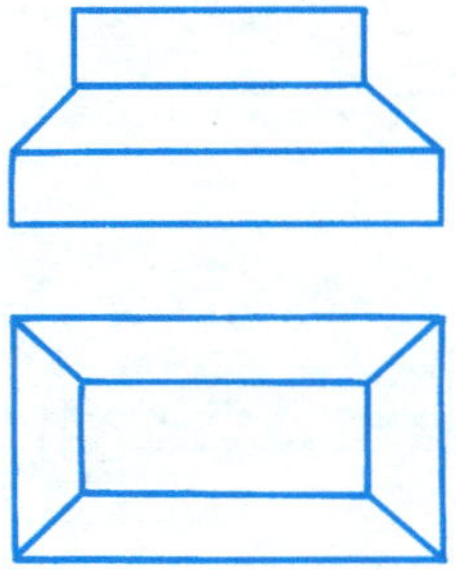

(2)

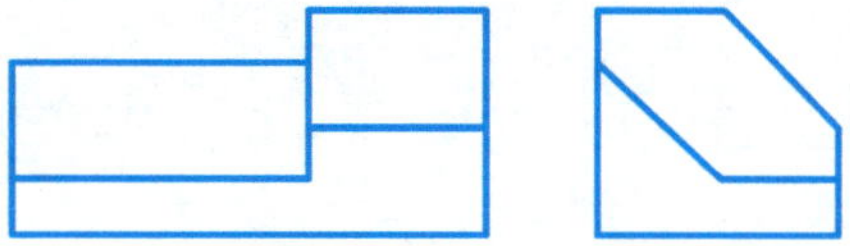

(3)

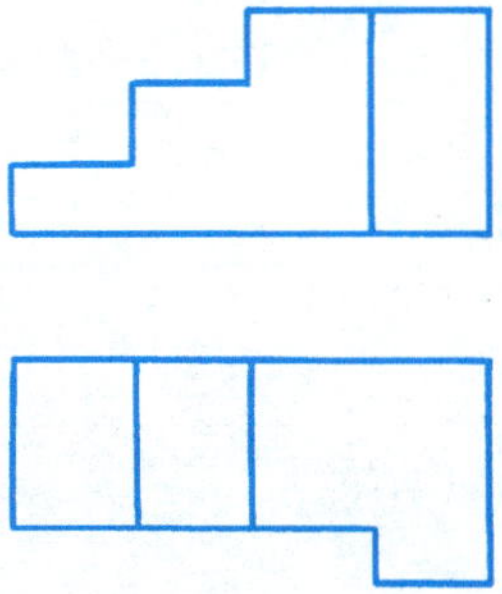

(4)

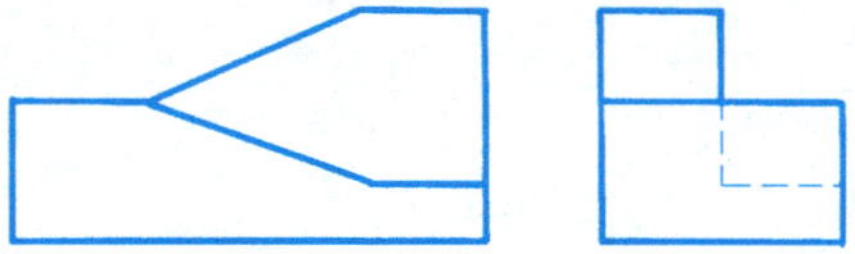

班级　　　　学号　　　　姓名　　　　日期

(5)

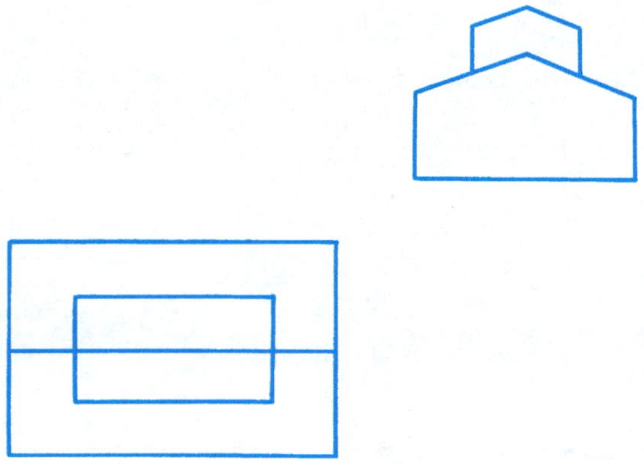

(6)

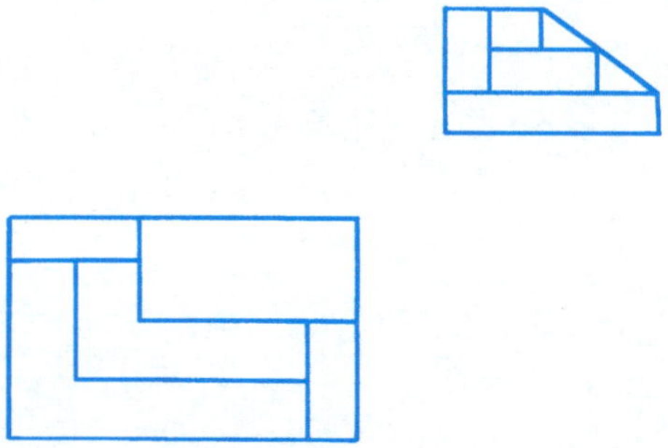

(7)

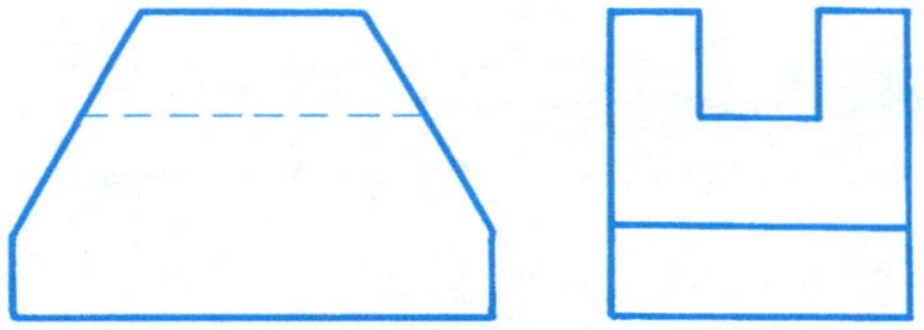

(8)

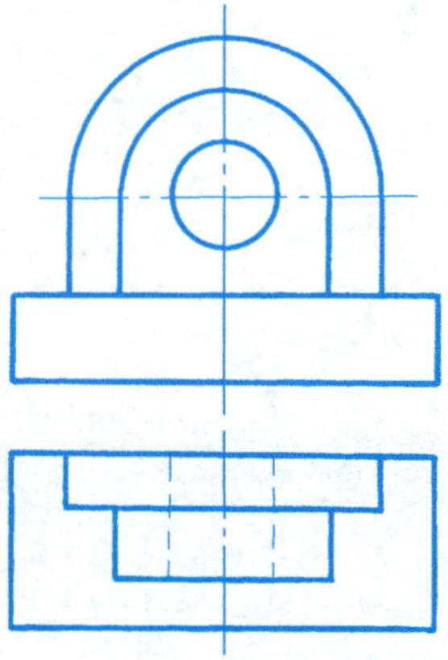

班级　　　　学号　　　　姓名　　　　日期

2. 补全组合体投影图中所缺的图线。

(1)

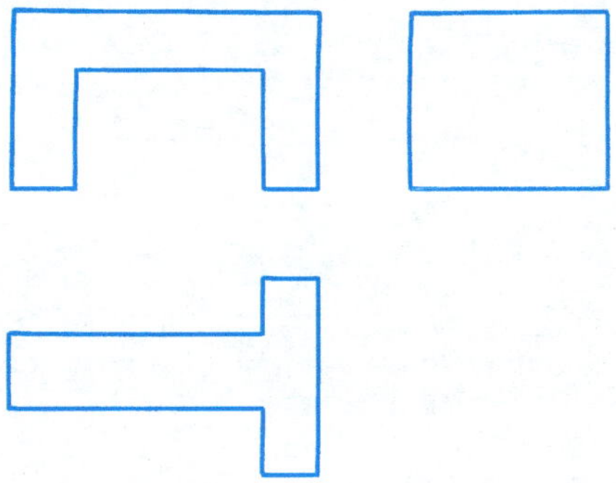

(2)

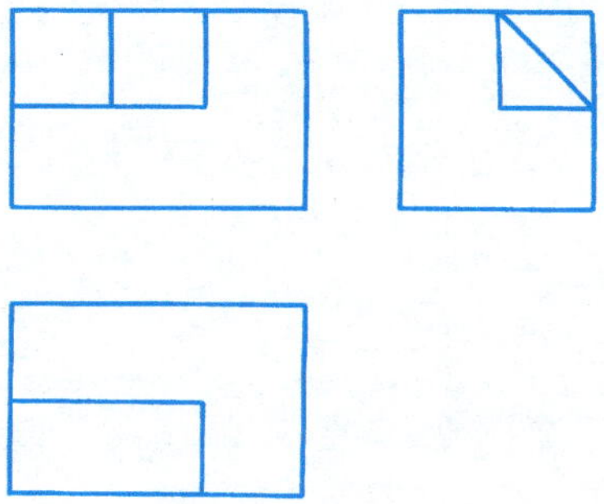

(3)

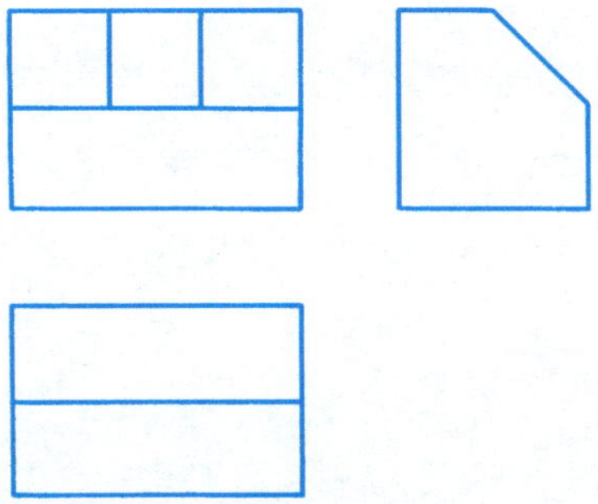

(4)

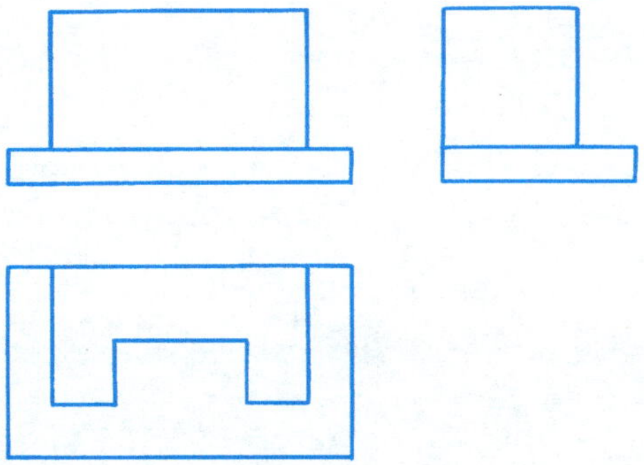

班级　　学号　　姓名　　日期

(5)

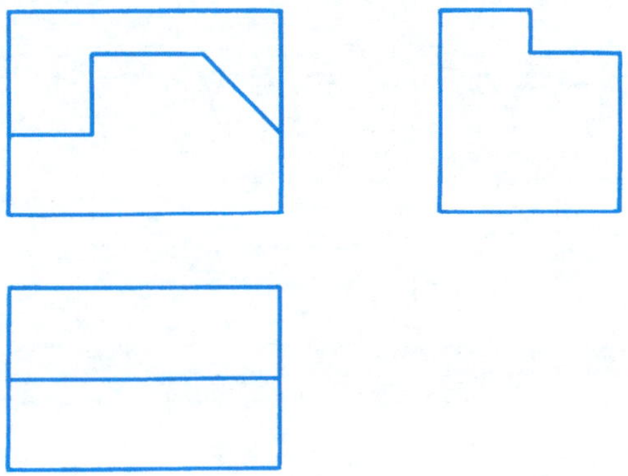

(6)

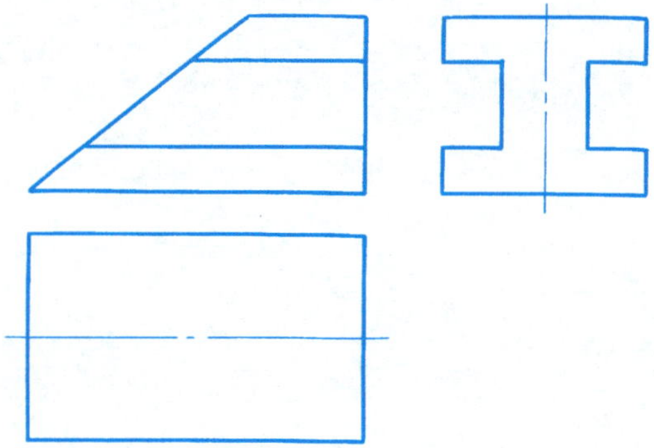

(7)

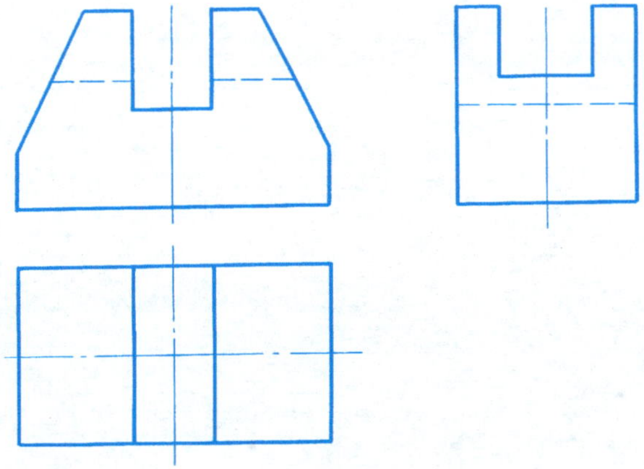

(8)

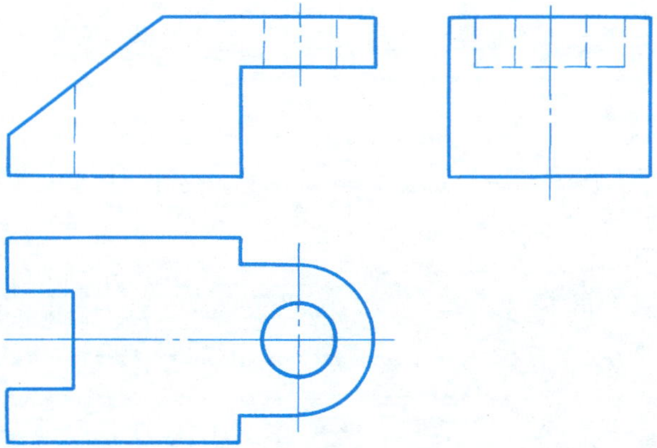

班级　　　　学号　　　　姓名　　　　日期

(9)

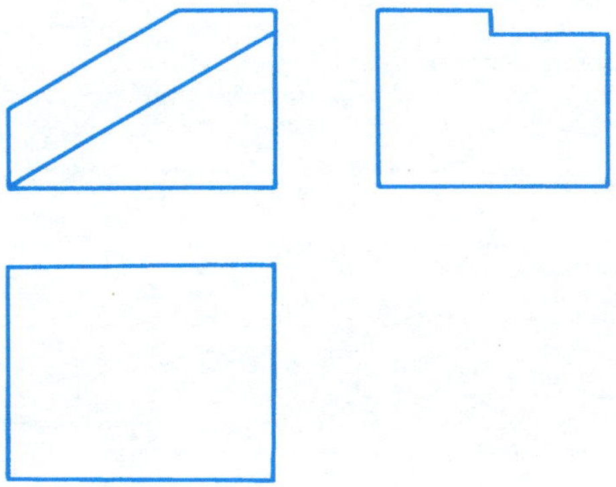

(10)

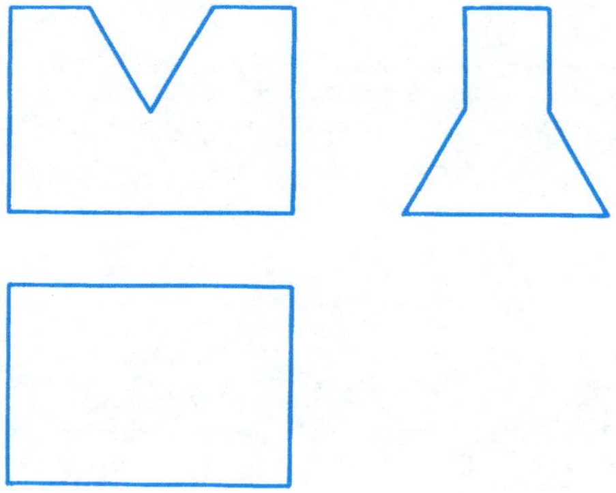

(11)

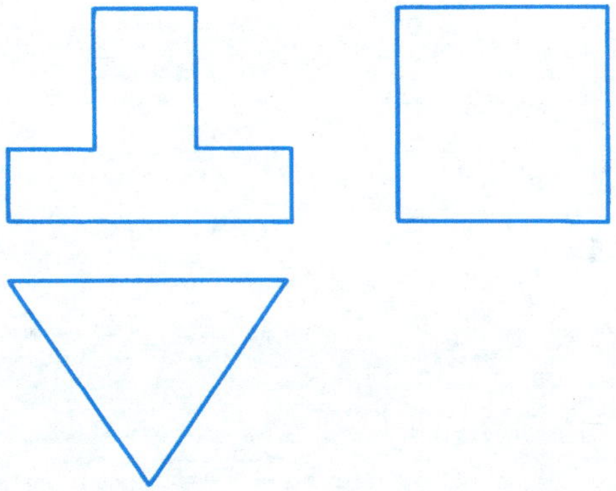

(12)

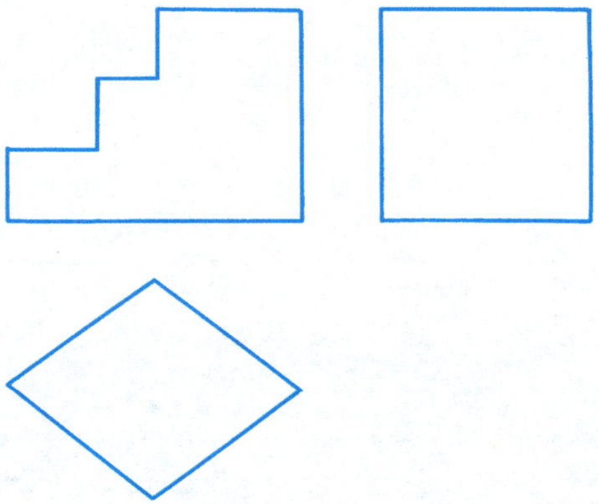

班级　　　　学号　　　　姓名　　　　日期

七、建筑形体的表达方法

7-1　剖面图

1. 补绘下列形体的 2-2 剖面图。

(1)

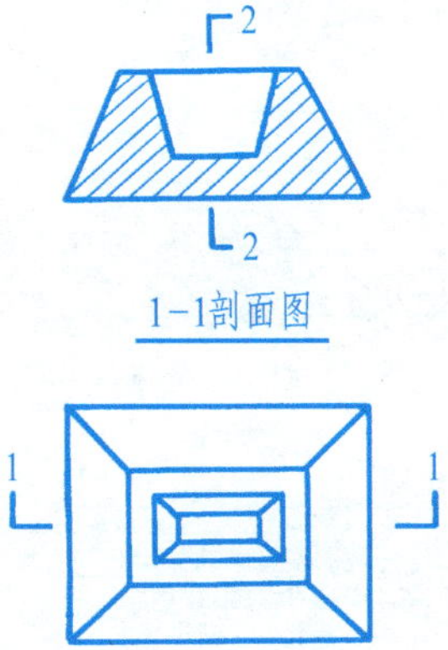

(2)

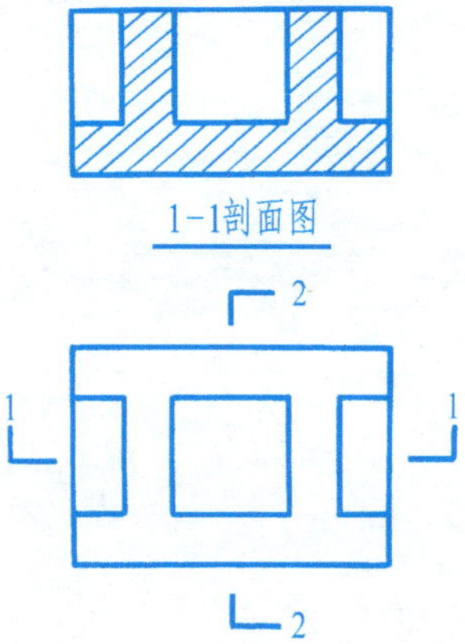

(3)

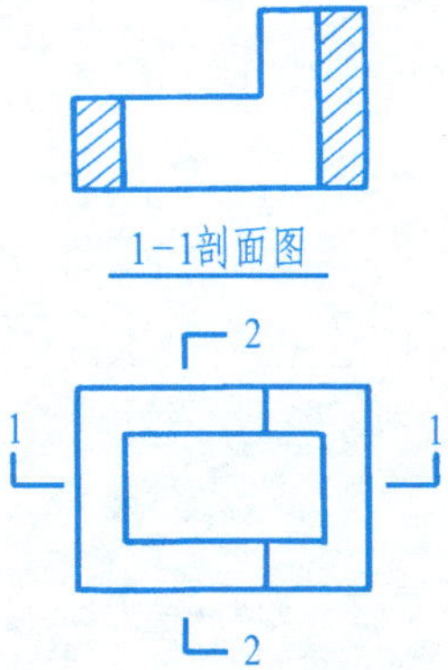

(4)

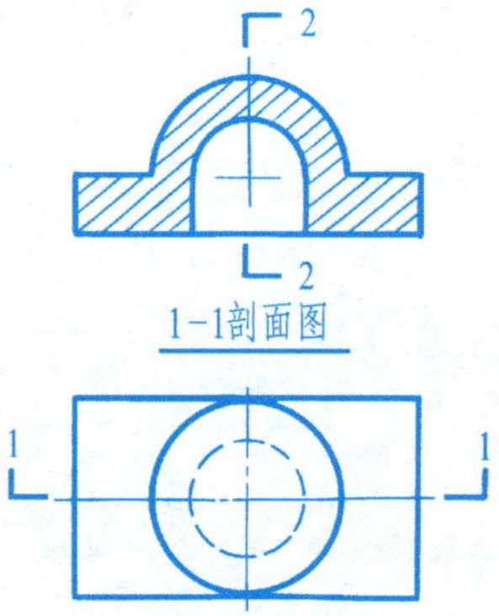

班级　　学号　　姓名　　日期

2. 画出形体的 1－1、2－2 半剖面图。

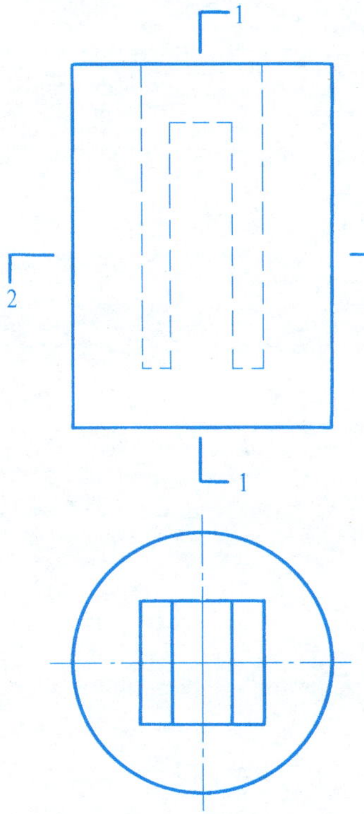

3. 画出形体的 1－1、2－2 剖面图。

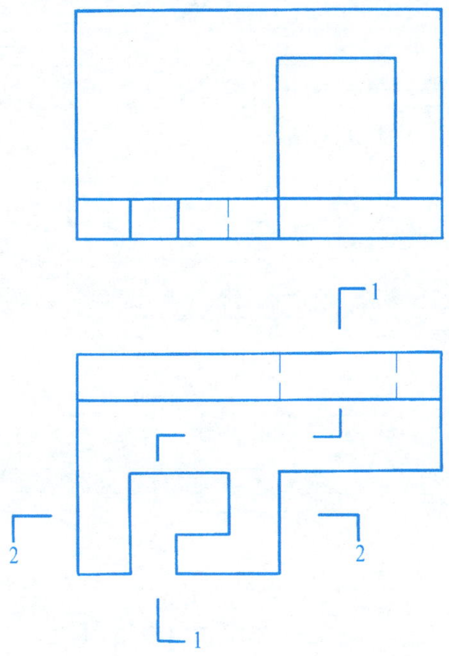

班级　　学号　　姓名　　日期

4. 求下面形体的 *W* 投影，并将 *V*、*W* 投影改为合适的剖面图（材料为钢筋混凝土）。

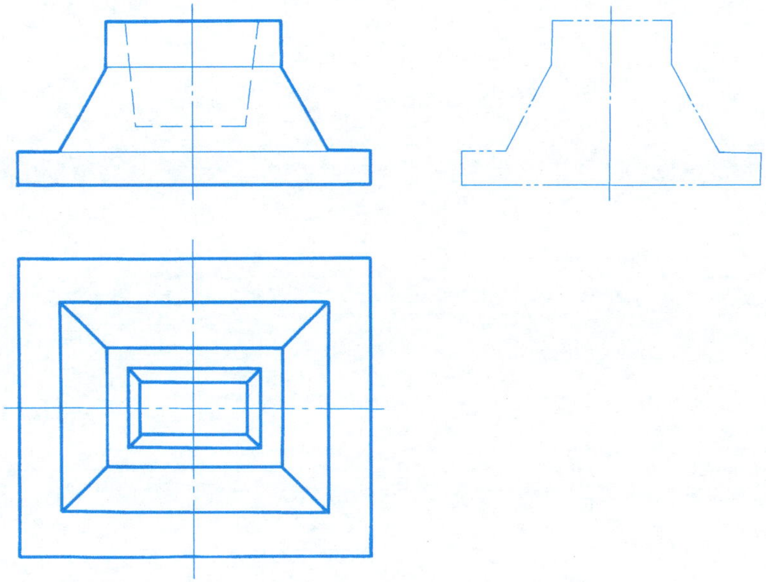

5. 求下面形体的剖面图（材料为钢筋混凝土）。

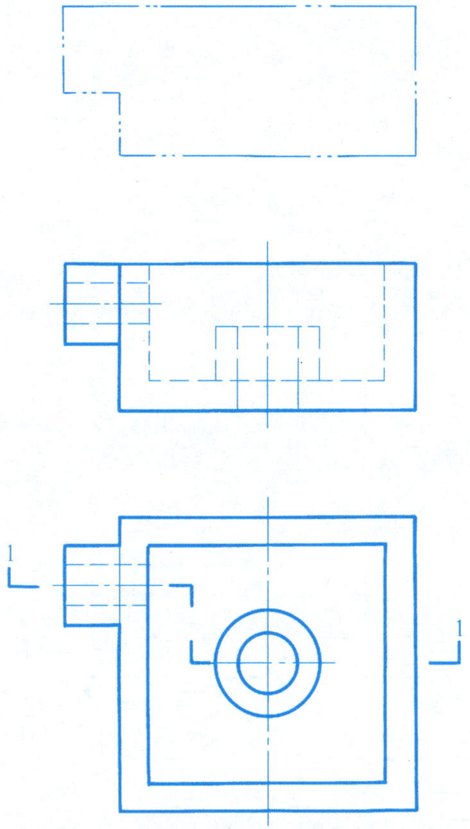

班级　　　　学号　　　　姓名　　　　日期

6. 画出装饰形体的 1－1、2－2 剖面图。

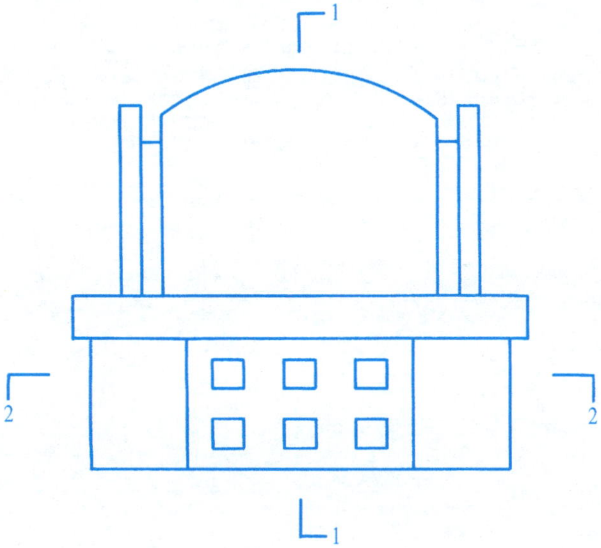

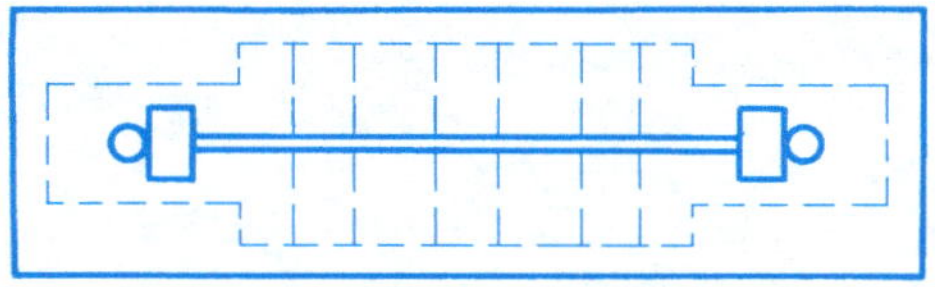

班级　　　学号　　　姓名　　　日期

7. 补绘建筑形体的 1－1 剖面图。

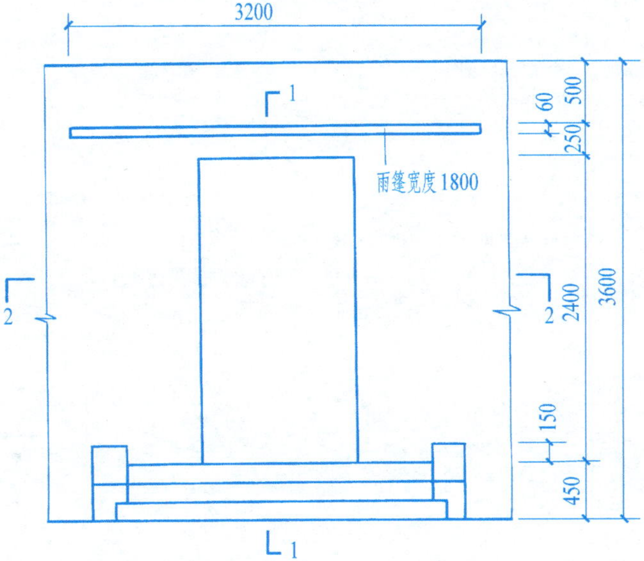

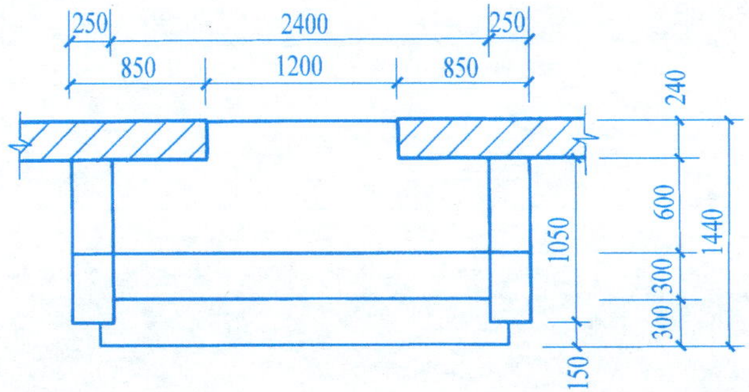

2-2剖面图

班级　　学号　　姓名　　日期

1. 作建筑构件的指定断面图。

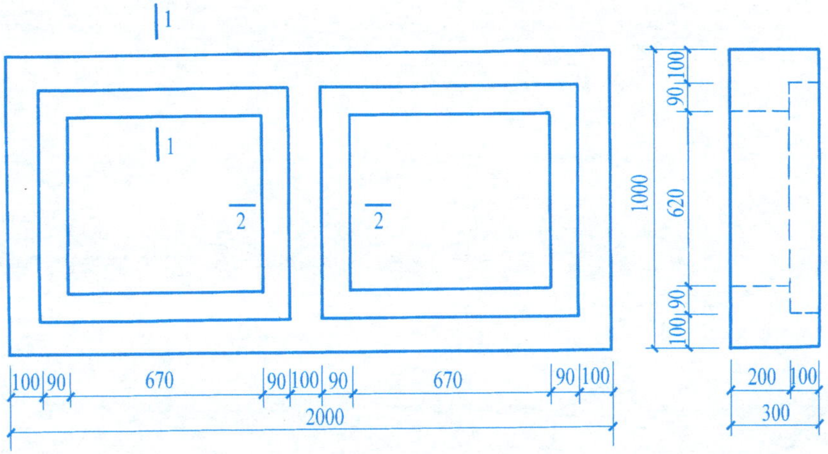

2. 根据梁的移出断面，画出其重合断面和中断断面。

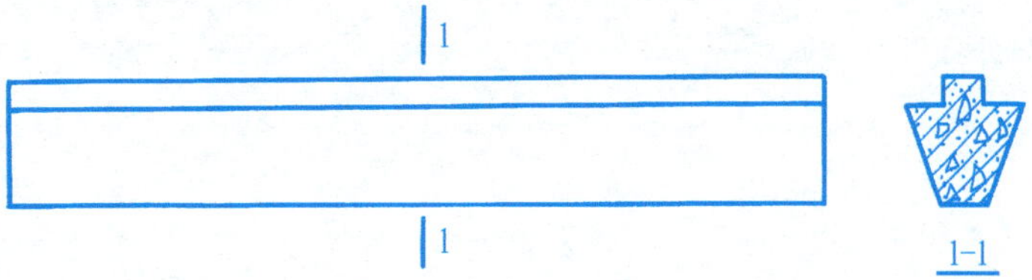

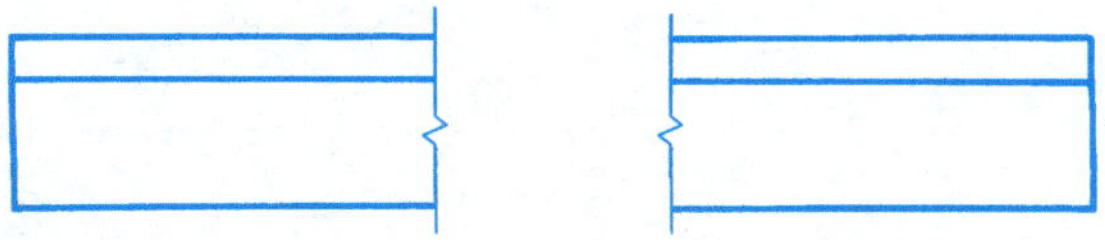

班级　　　　学号　　　　姓名　　　　日期

3. 绘出台阶的 1－1 剖面图和 2－2 断面图。

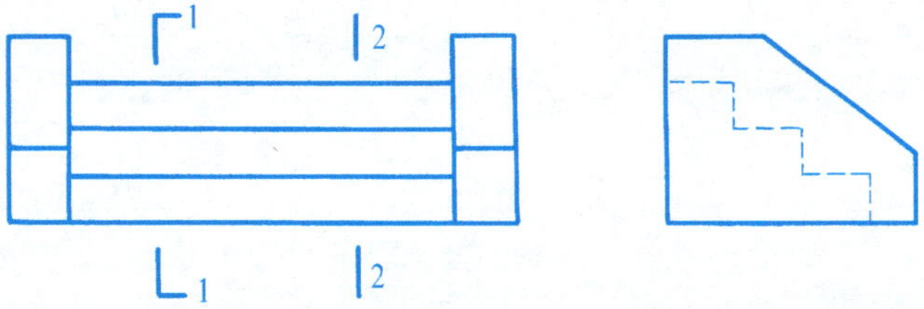

4. 在墙体的立面图上画出重合断面图。

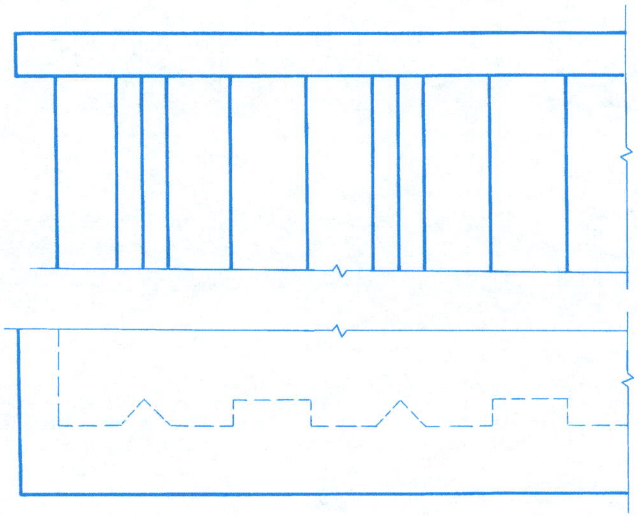

班级　　　学号　　　姓名　　　日期

5. 绘出下列建筑构件的断面图。

(1)

(2)

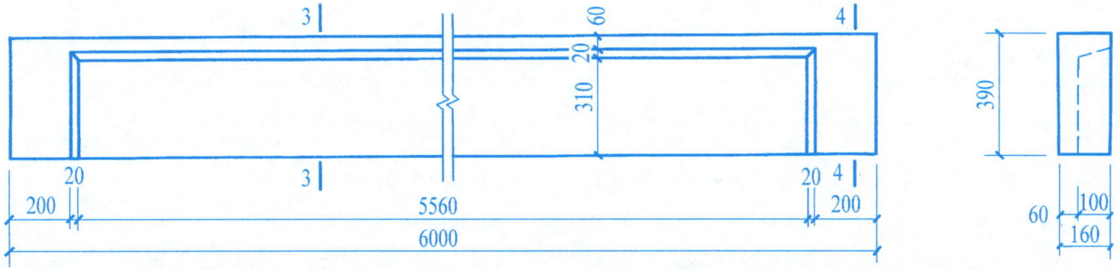

班级 学号 姓名 日期

6. 作柱子的1－1、2－2、3－3断面图。

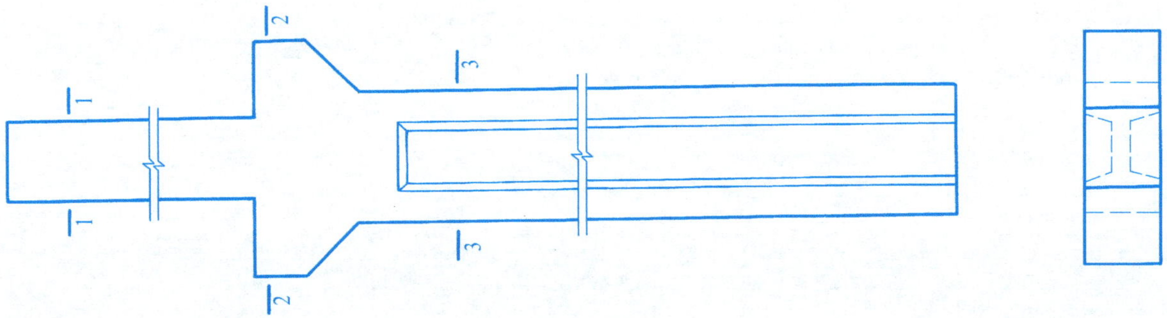

班级　　学号　　姓名　　日期

7. 画出装饰形体的 1－1、2－2、3－3 断面图。

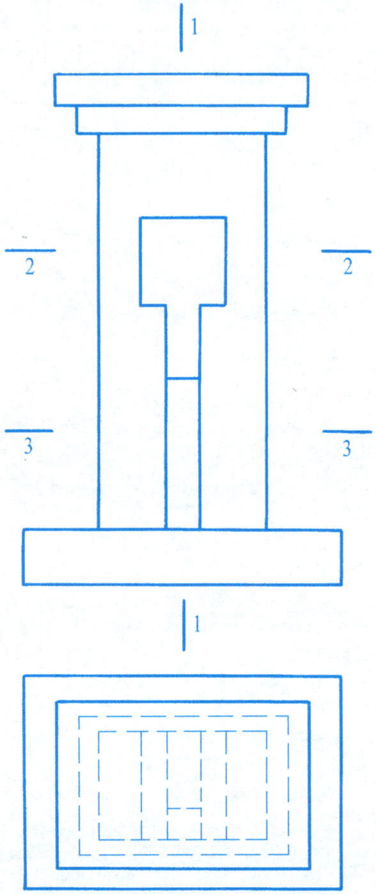

班级　　　　学号　　　　姓名　　　　日期

7-3 剖、断面图作业——建筑构件的表达方法

作业说明

（1）作业名称：建筑构件的表达方法。

（2）作业内容：①抄绘平面图和 1-1 剖面图。

②补绘 2-2 剖面图和 3-3、4-4、5-5 断面图。

（3）作业要求：用 1:50 的比例、A3 幅面的图纸完成。

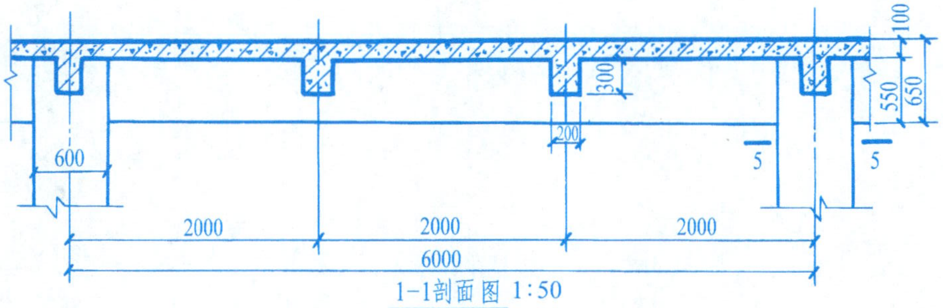

1-1剖面图 1:50

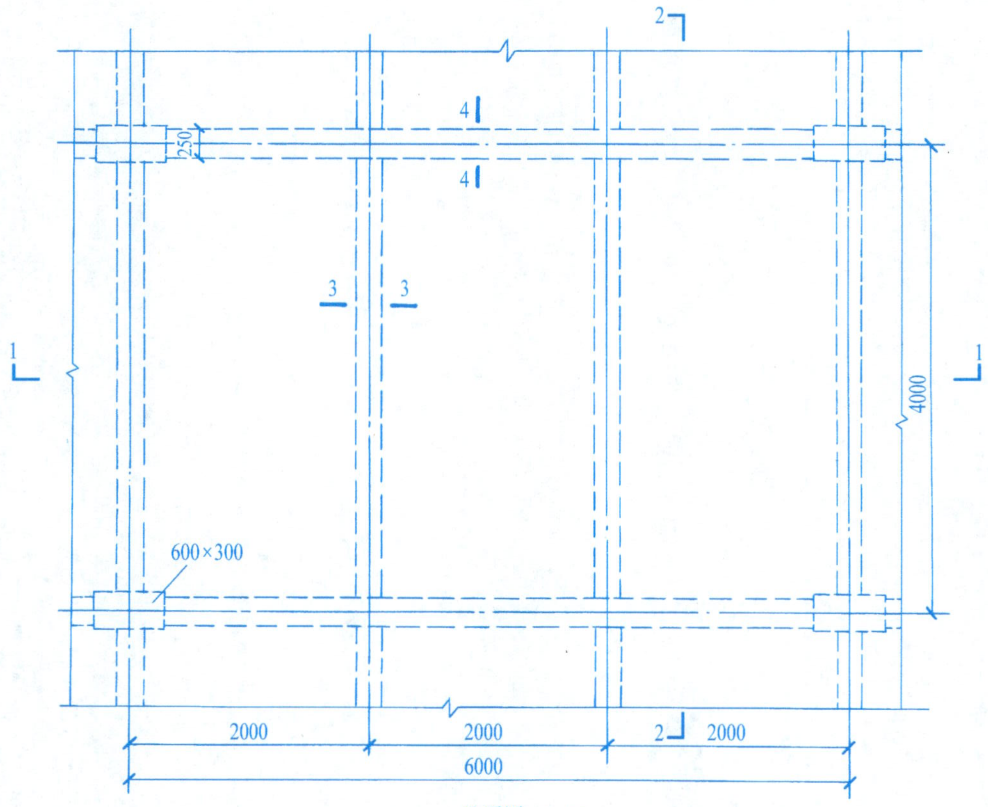

平面图 1:50

八、轴测投影图

1. 已知双坡房屋的三面投影图，作出它的正等测图。

2. 按照 T 形梁的三面投影图，作出其正等测图。

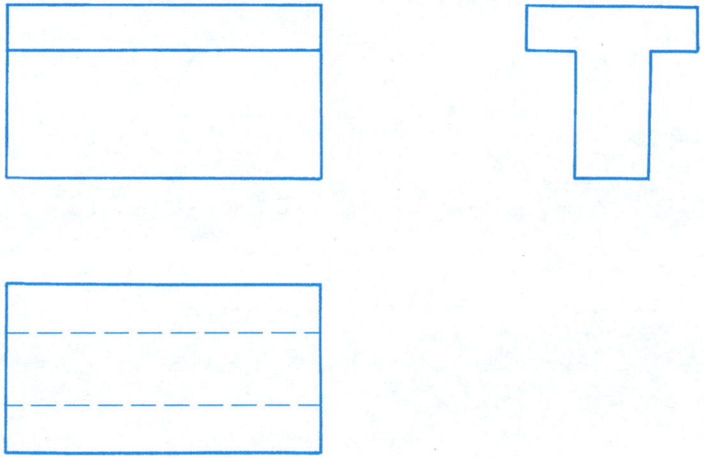

班级　　学号　　姓名　　日期

3. 按截切圆柱的投影图，作出它的正等测图。

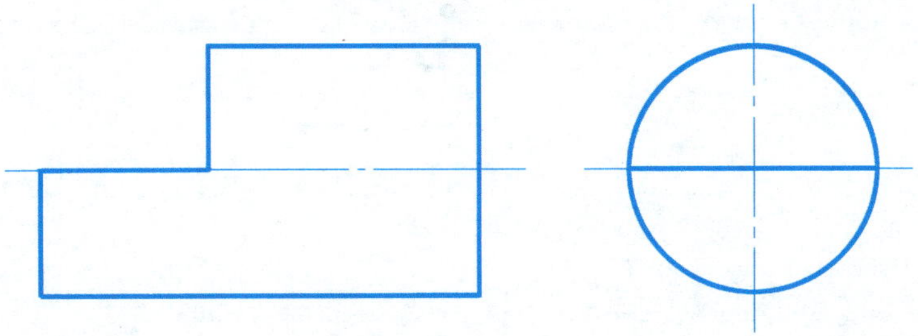

4. 按照组合体的投影图，作出它的正等测图。

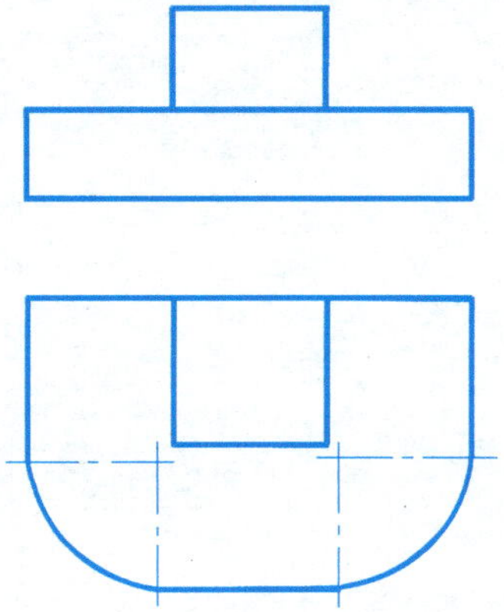

班级　　　学号　　　姓名　　　日期

5. 按切口圆柱的投影图，作出它的水平斜等测图。

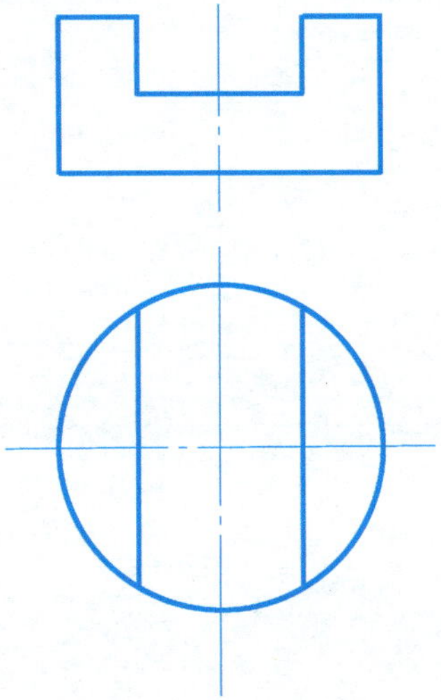

6. 按杯形基础的投影图，作出其正等测剖面轴测图。

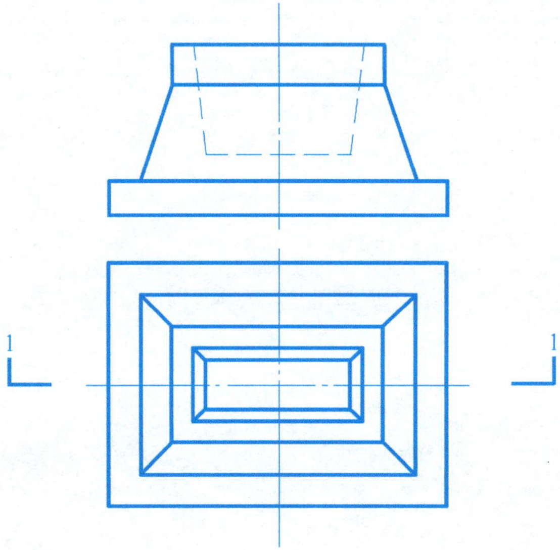

班级　　　　学号　　　　姓名　　　　日期

九、房屋建筑工程施工图

抄图及读图作业指导书

抄图与读图是装饰制图学习的主要实践环节，必须进行大量的训练来巩固和提高对专业图样的读绘能力，为今后学习专业课打好基础。为便于学习，本习题集汇编了抄图及读图作业图样，以供选用。

1. 作业目的

(1) 熟悉建筑及装饰施工图的表达内容及图示特点。

(2) 掌握绘制建筑及装饰施工图的基本方法，且绘制的图样应符合现行各项建筑与装饰制图标准的要求。

(3) 会识读一般常见建筑及装饰施工图。

(4) 了解结构施工图等相关专业图样，明确其表达规律。

2. 作业图名及比例

图名及比例如各图所示。

3. 图纸幅面要求

建筑施工图采用A2幅面图纸，装饰施工图采用A3幅面图纸。铅笔抄绘。由教师指定适当次数的描图练习。

4. 作业内容及标题栏

在作业图的右下角画出标题栏（可选用下图所示的作业标题栏），标题栏图名内容详见各页的具体图示。

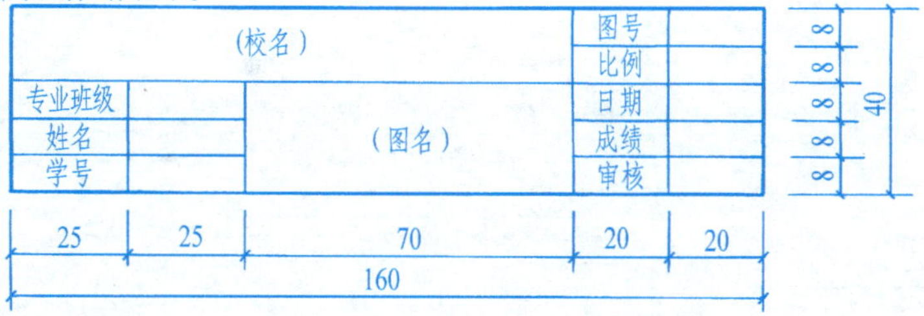

5. 作业要求

(1) 仔细识读，要在读懂图样后方可开始绘图。

(2) 应按教材中所述的施工图绘图步骤进行绘制。

(3) 注意布图的均衡匀称。绘图时应先画底稿，检查无误后再加深、加粗、注写文字，养成良好的绘图习惯。

(4) 图样绘制时要做到图形准确，线型清晰、粗细分明，注写工整，图面整洁。

(5) 绘图时遵守《房屋建筑制图统一标准》(GB/T 50001—2010)、《建筑制图标准》(GB/T 50104—2010)、《房屋建筑室内装饰装修制图标准》(JGJ/T 244—2011) 及《建筑结构制图标准》(GB/T 50105—2010) 等相关制图标准的要求。如有不熟悉之处，必须查阅标准或教材。

6. 说明事宜

(1) 建议图样的粗线宽度 b 选用0.7mm，其他线宽应符合线宽组的要求。

(2) 汉字应写长仿宋字，字母、数字用标准体书写。

(3) 建议房间名称及其他说明文字用5号字，定位轴线编号用5号字，尺寸数字、门窗编号、构件代号等用3.5号字。图名字用7号字或10号字。

(4) 在写字前要把文字的位置、大小设计好，并打好相应的字格（尺寸数字可只画上下两条字高线）再行书写。

(5) 在做铅笔和描图作业时，应备一张蒙图纸，将做好的图样进行覆盖，以保证图面的整洁。

班级　　学号　　姓名　　日期

9-1 建筑施工图（一）——住宅楼底层平面图

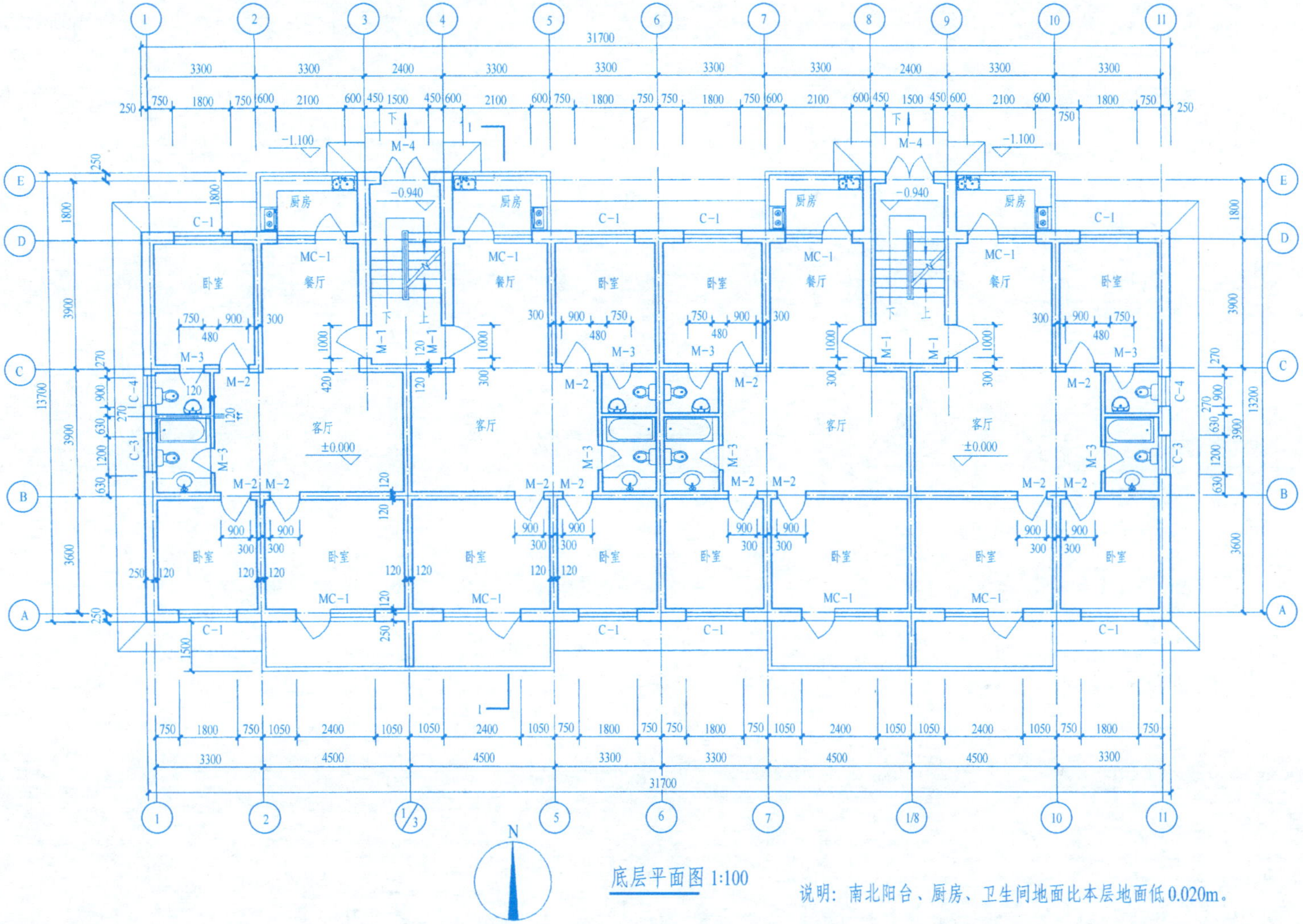

底层平面图 1:100

说明：南北阳台、厨房、卫生间地面比本层地面低 0.020m。

班级　　学号　　姓名　　日期

9-2 建筑施工图（二）——住宅楼标准层平面图

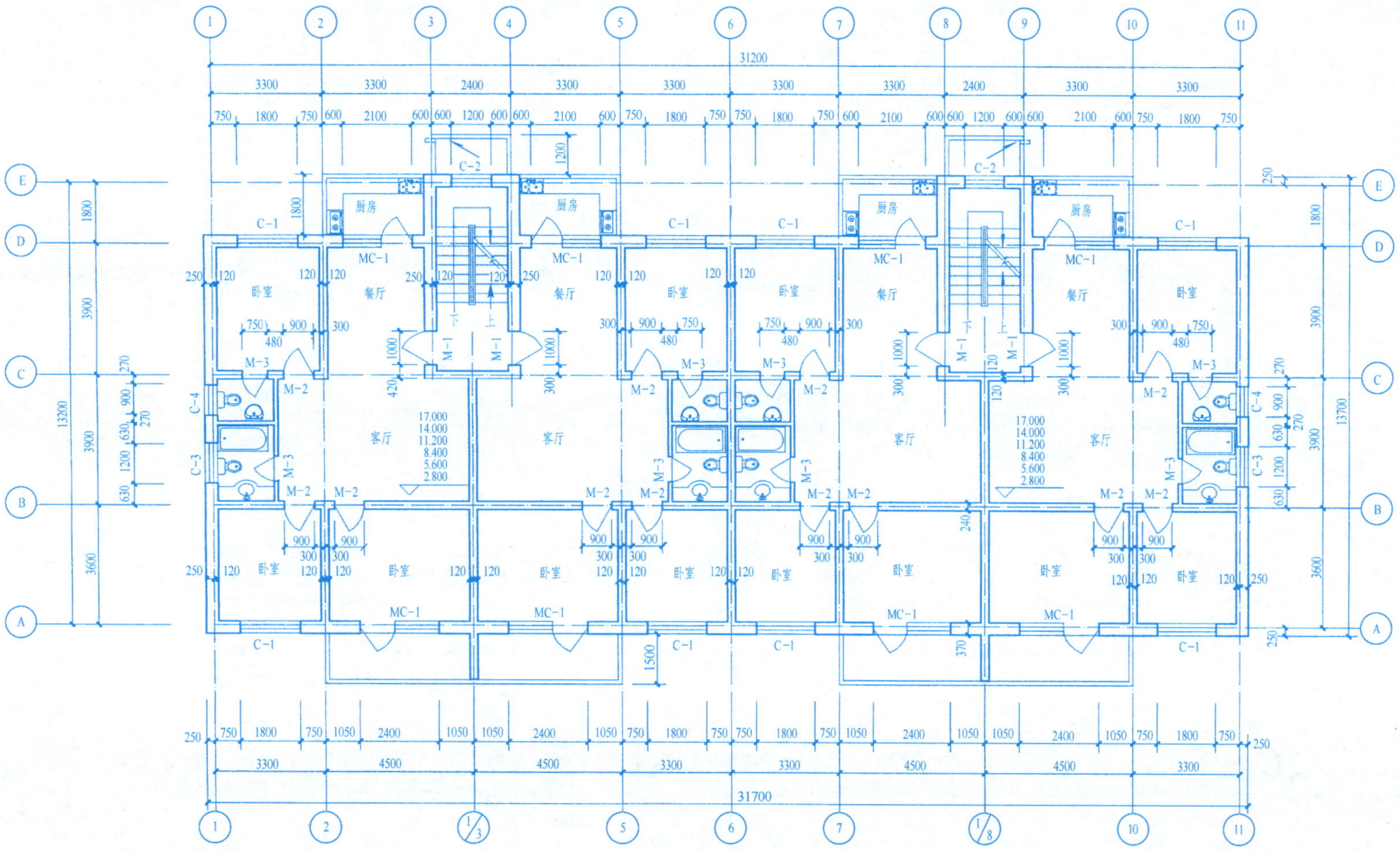

标准层平面图 1:100

说明：南北阳台、厨房、卫生间地面比本层地面低0.020m。

班级　　学号　　姓名　　日期

9-3 建筑施工图（三）——住宅楼立面图

正立面图 1:100

班级 学号 姓名 日期

背立面图 1:100

班级 学号 姓名 日期

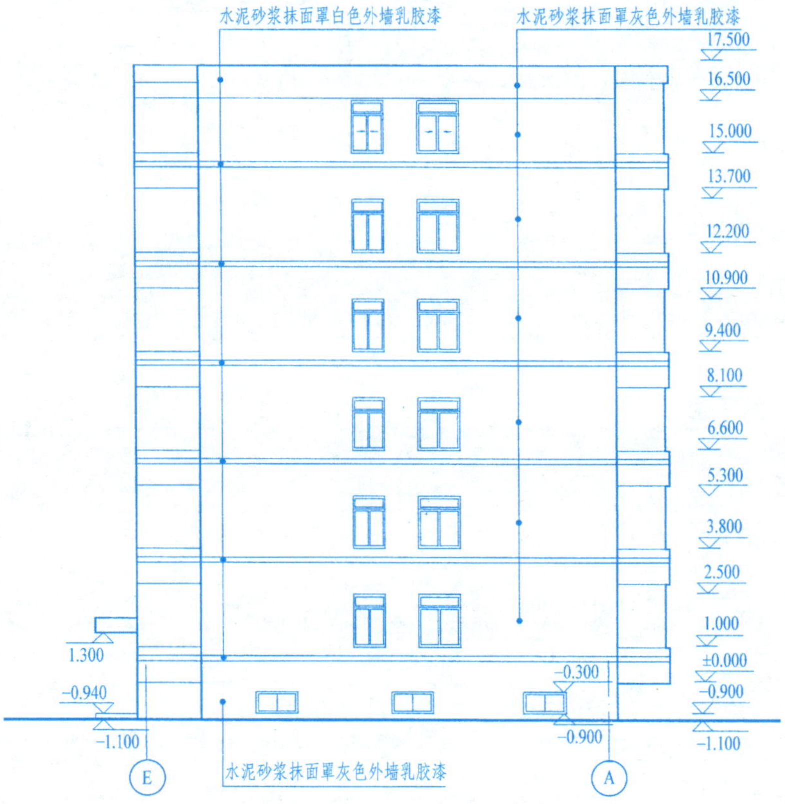

侧立面图1:100

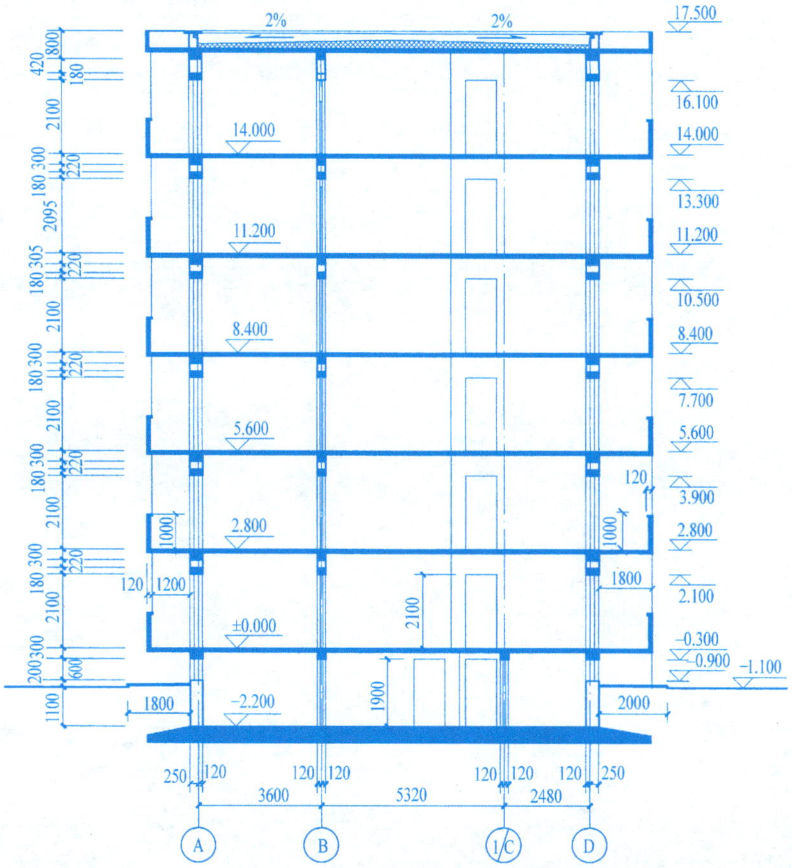

1—1剖面图1:100

班级　　学号　　姓名　　日期

9－6　建筑施工图（六）——住宅楼楼梯平面及剖面图

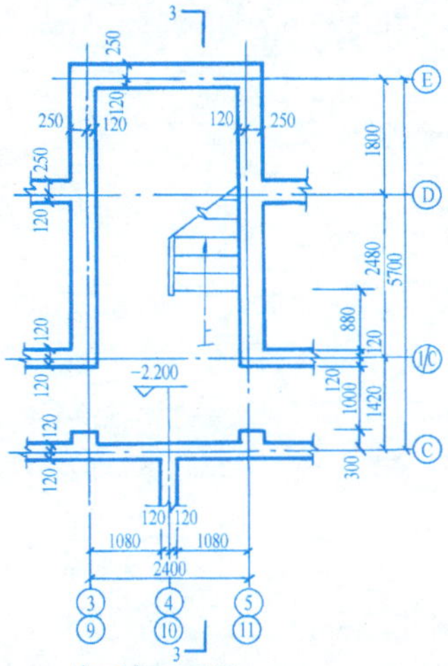

地下室平面图1:50

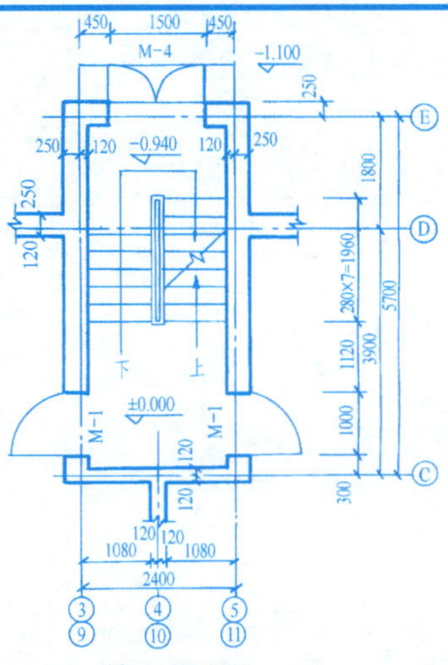

一层平面图1:50

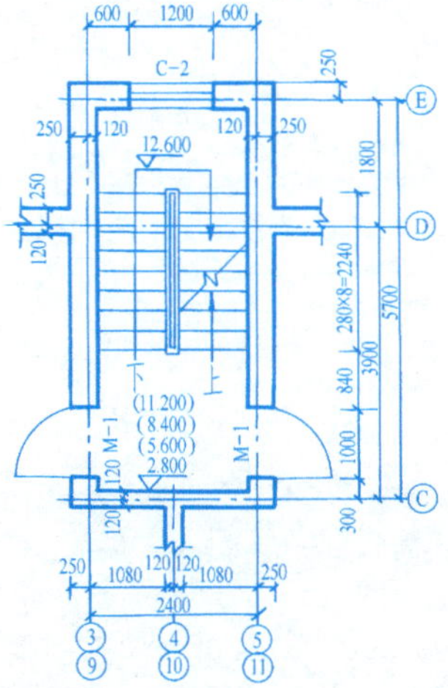

标准层平面图 1:50

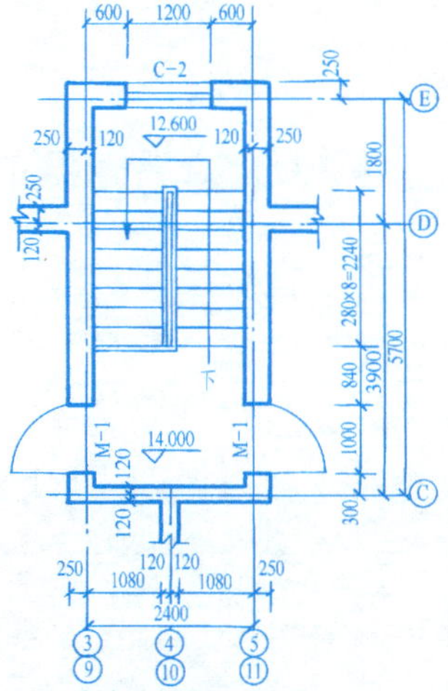

顶层平面图 1:50

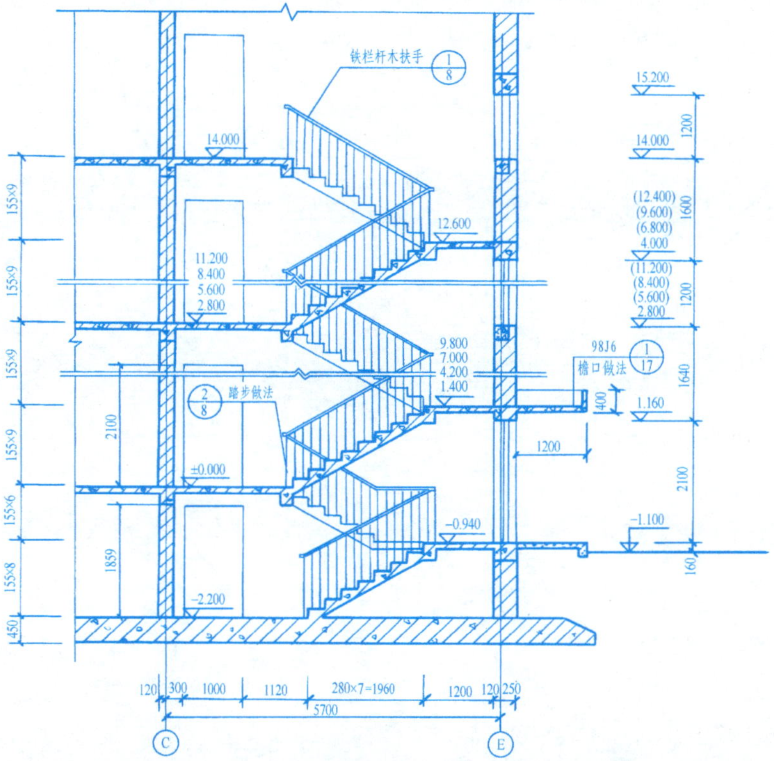

3-3剖面图 1:50

说明：本页楼梯平面图可画在A2图幅图纸上，楼梯剖面图画在A3图幅图纸上，均可采用立式图幅。

班级　　学号　　姓名　　日期

9－7　建筑施工图(七)——住宅楼墙身详图

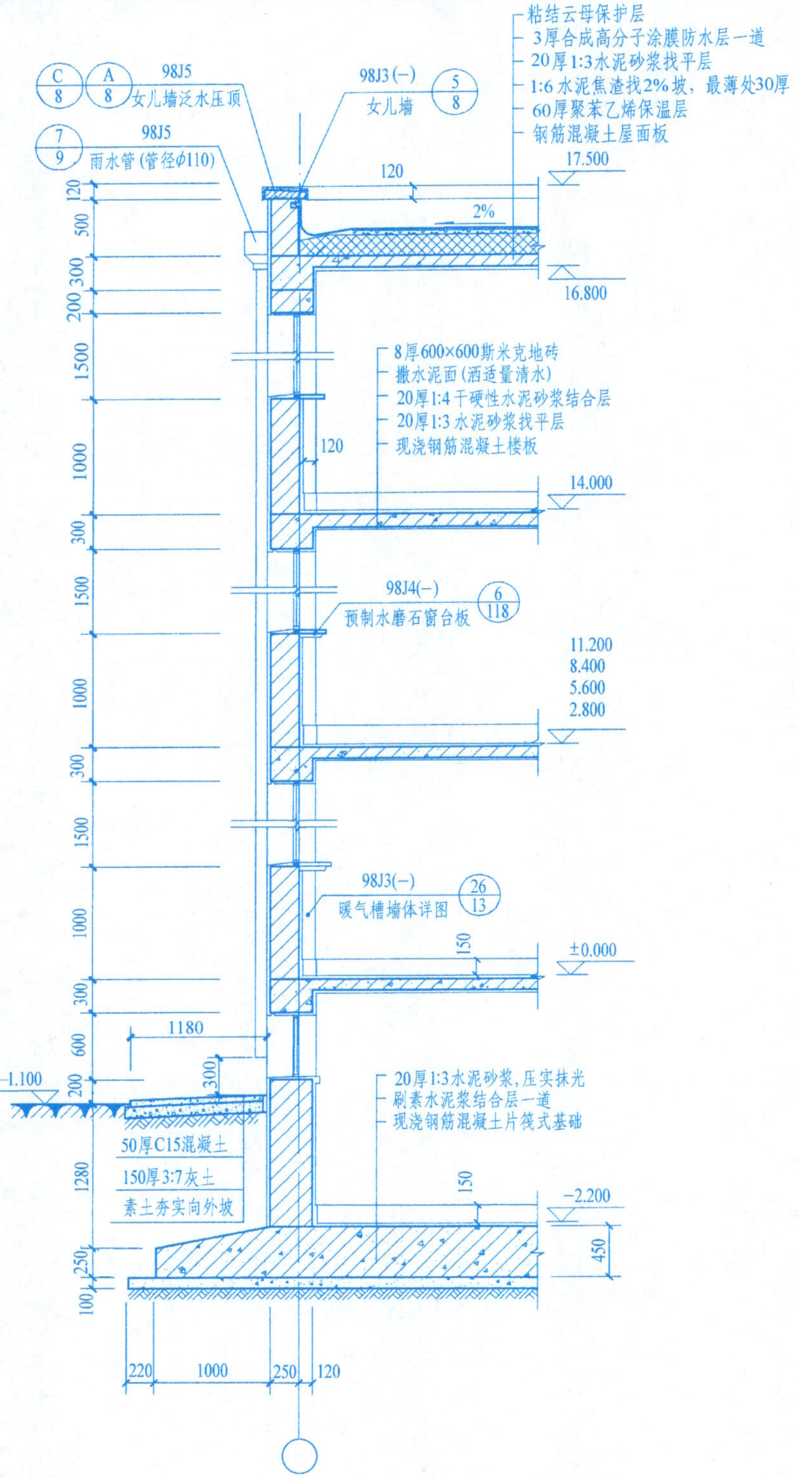

墙身大样图 1:20

班级　　学号　　姓名　　日期

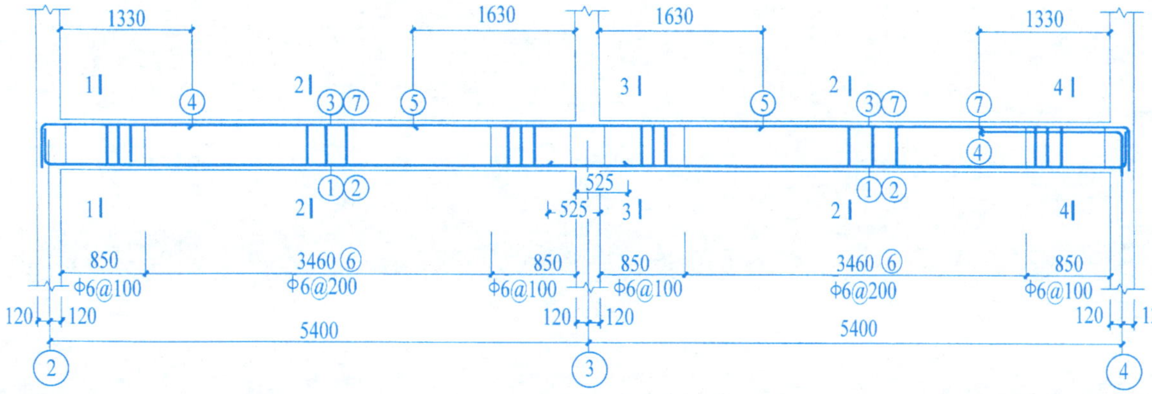

L-6

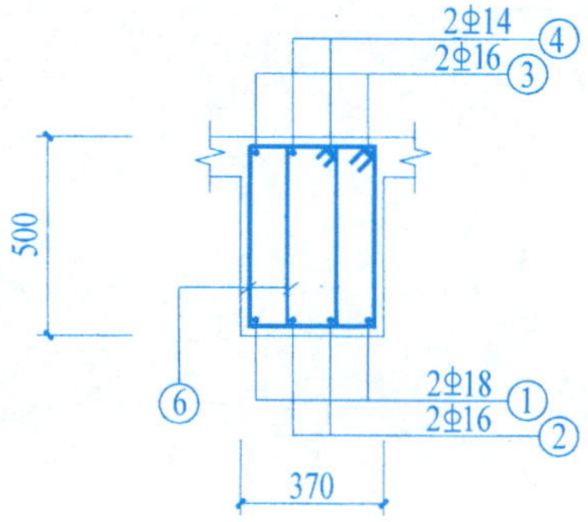

1-1

L-6梁钢筋表

编号	钢筋简图	规格	长度/mm	根数	重量/kg
①	360 5850	Φ18	6210	4	50
②	360 5850	Φ16	6210	4	39
③	440 10980 440	Φ16	11860	2	37
④	440 1540	Φ14	1980	4	10
⑤	3500	Φ18	3500	2	14
⑥	145 100	Φ6	250	136	8
⑦	2500	Φ12	2650	4	9

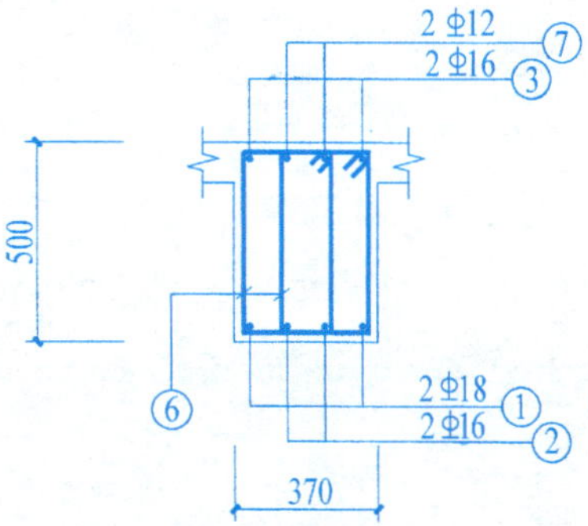

2-2

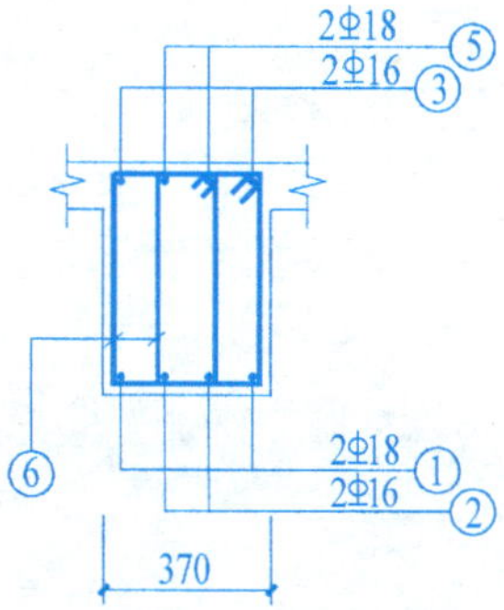

3-3

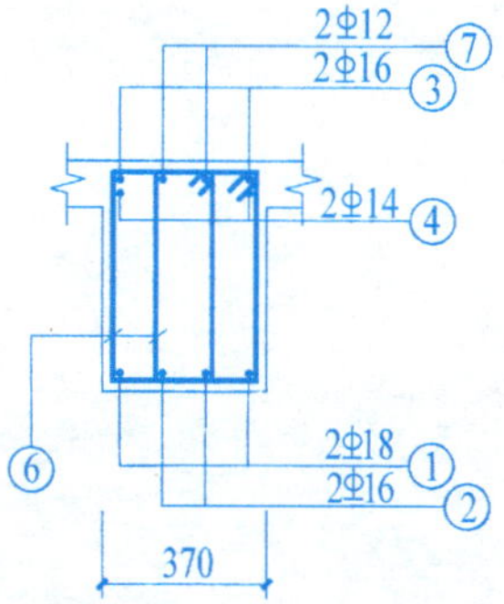

4-4

班级　　学号　　姓名　　日期

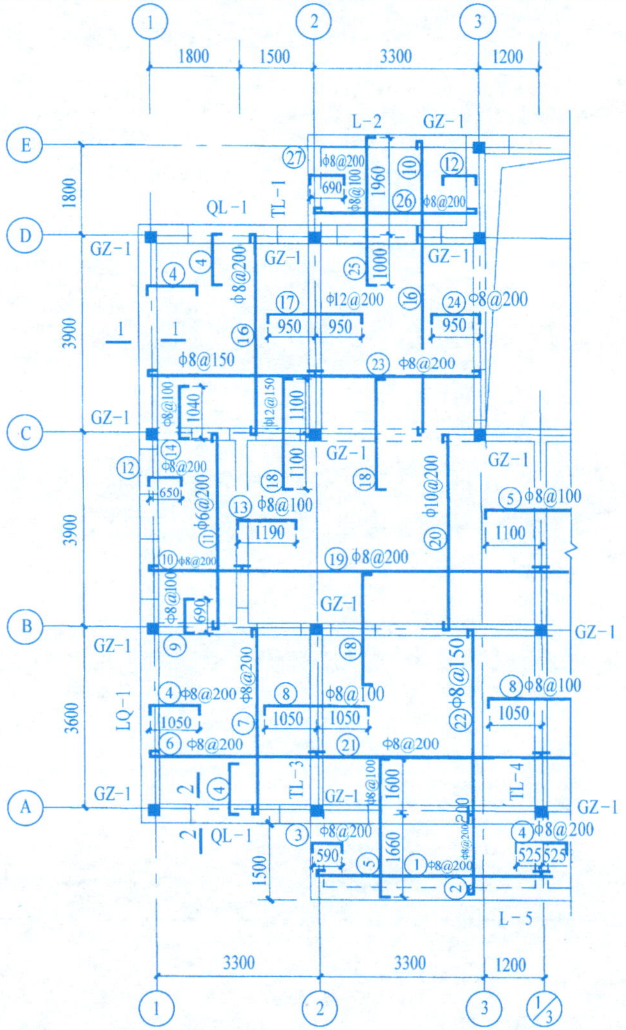

楼板配筋图 1:50

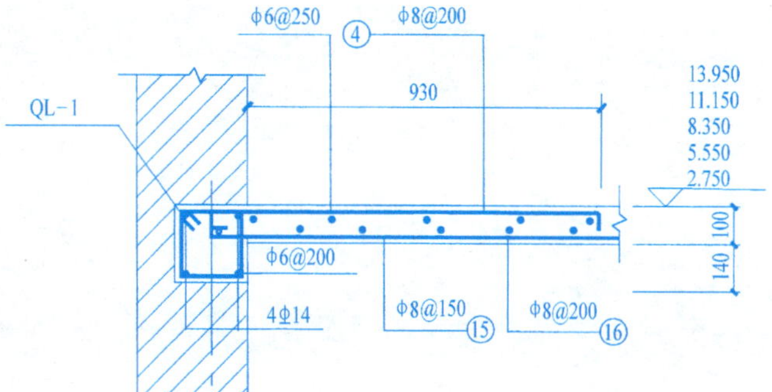

1-1 1:10

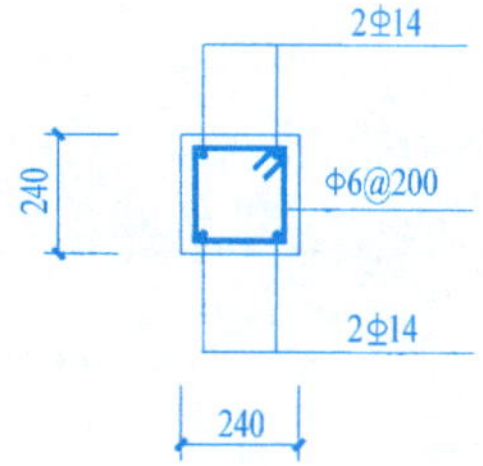

GZ-1 1:10

说明：1. 图中板厚均为100mm。

2. 卫生间结构面应相应降低100mm。

3. 圈梁在无墙处拉通时，应在下部增加2Φ16钢筋，锚固长度35d。

4. 分布筋Φ6@250。

班级　　学号　　姓名　　日期

十、建筑装饰装修施工图

10－1　装饰装修施工图（一）——会议室平面布置图

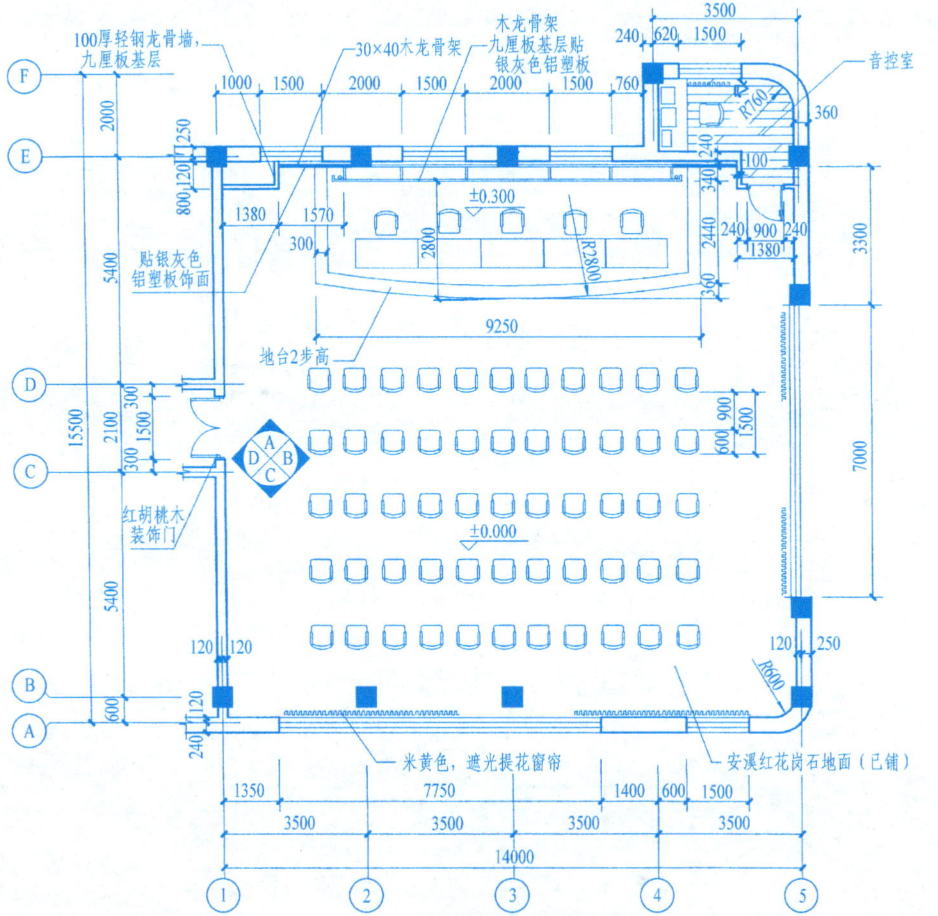

会议室平面布置图 1:100

图纸目录

序号	图号	图纸内容	备注
1	装施一	会议室平面布置图	
2	装施二	会议室顶棚平面图	
3	装施三	会议室立面图	
4	装施四	会议室立面图	
5	装施五	墙面及地台节点图	
6	装施六	会议室假柱、窗套详图	
7	装施七	会议室大门详图	
8	装施八	顶棚纵、横断面图	
9	装施九	顶棚构造详图	
10	装施十	会议桌详图	

说明：1. 所有木作背面刷防火涂料两遍。
2. 木作饰面为胡桃木板、胡桃木实木线。
3. 木作面罩聚酯清漆，大门百页造型实木线罩聚酯白色漆。
4. 非木作墙面为刮白后罩白色乳胶漆，窗帘盒罩白色乳胶漆。
5. 音控室地面为木地面，顶棚为矿棉板吊顶，墙面刮白色乳胶漆。
6. 波浪顶棚饰面为白色铝塑板加150mm宽银灰色铝塑板。
7. 未尽事宜详见现行建筑装饰施工验收规范。

班级　　　　学号　　　　姓名　　　　日期

10－2　装饰装修施工图（二）——会议室顶棚平面图

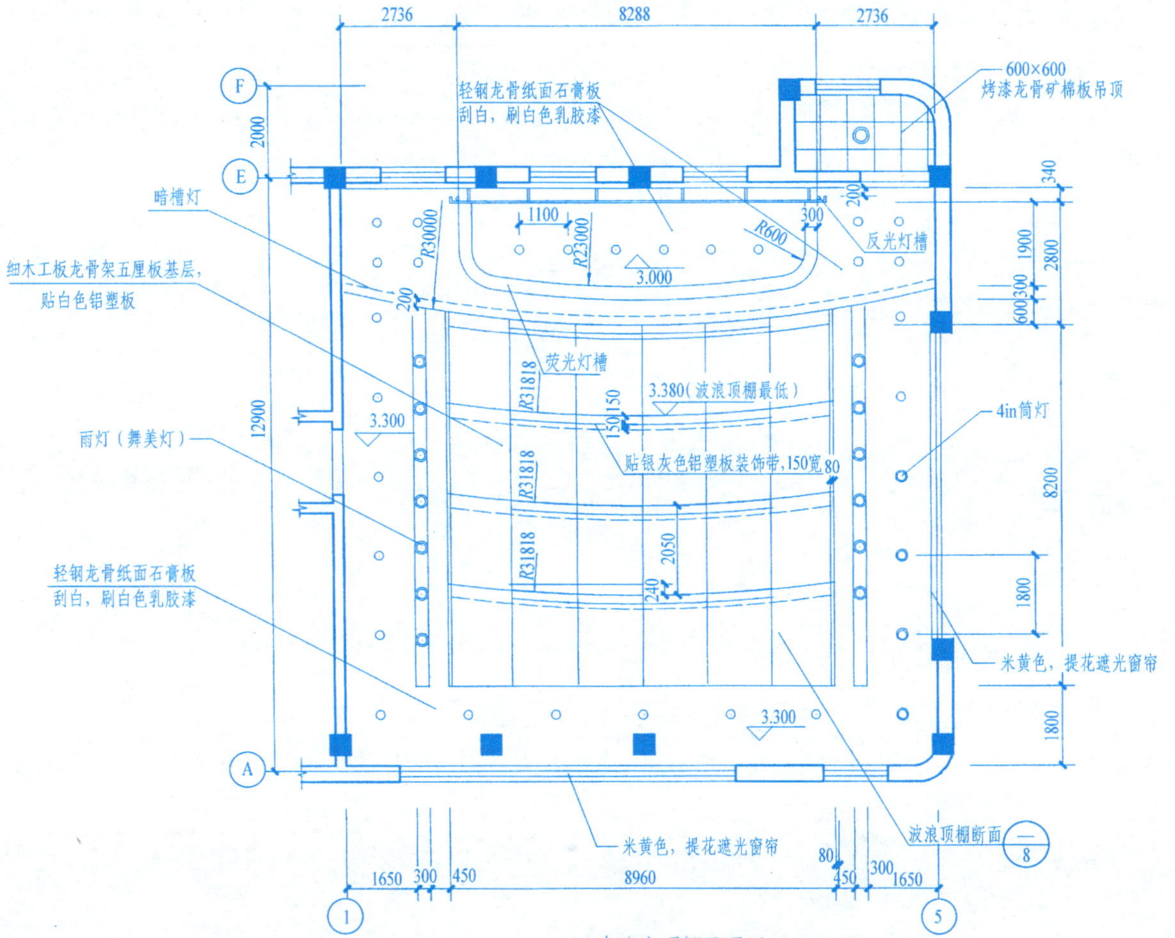

会议室顶棚平面图　1:100

顶棚详见装施（八）、装施（九）

班级　　学号　　姓名　　日期

10－3　装饰装修施工图（三）——室内立面图（1）

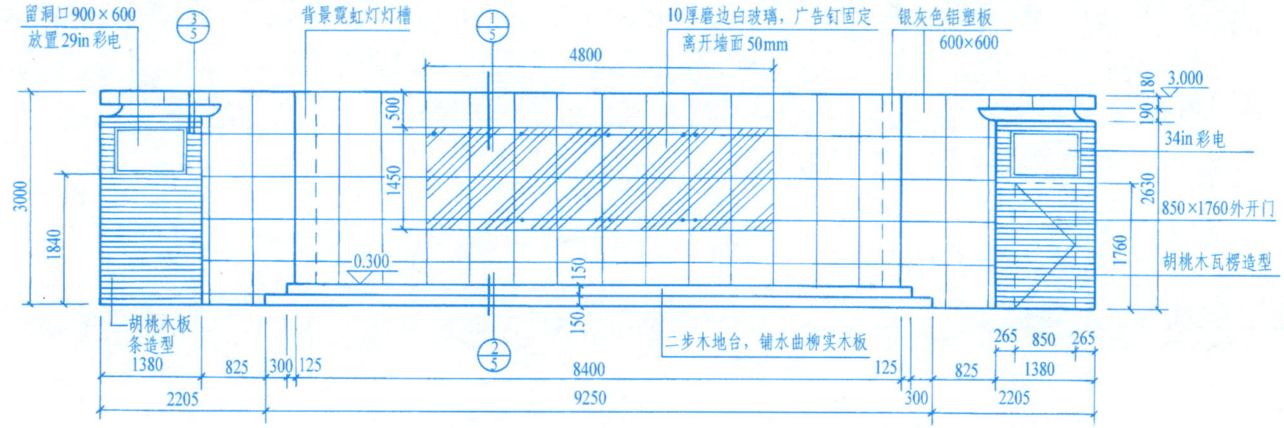

A向立面图 1:50

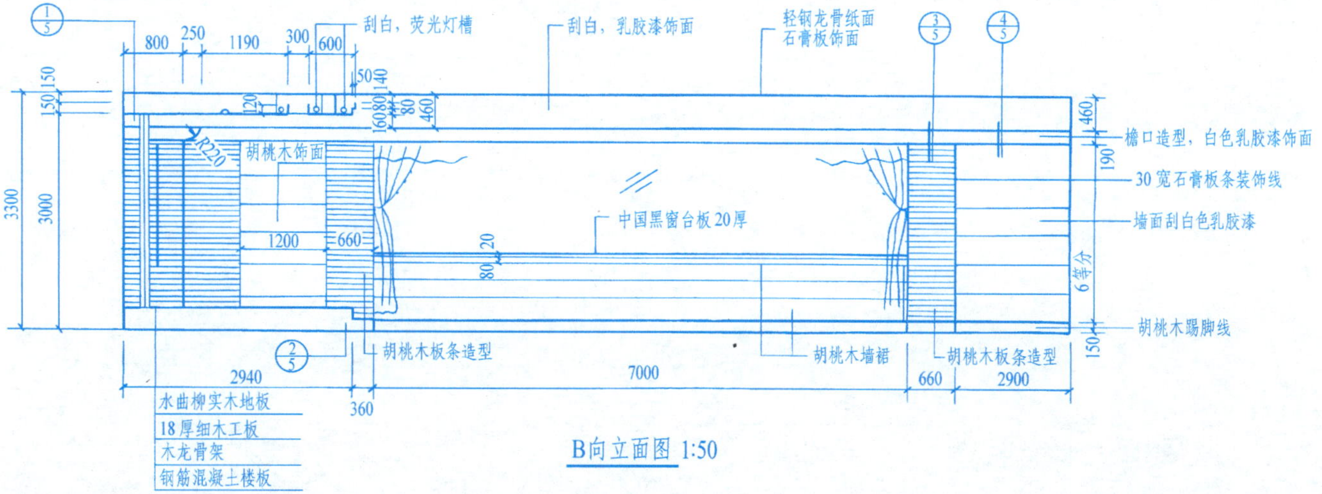

B向立面图 1:50

班级　　　学号　　　姓名　　　日期

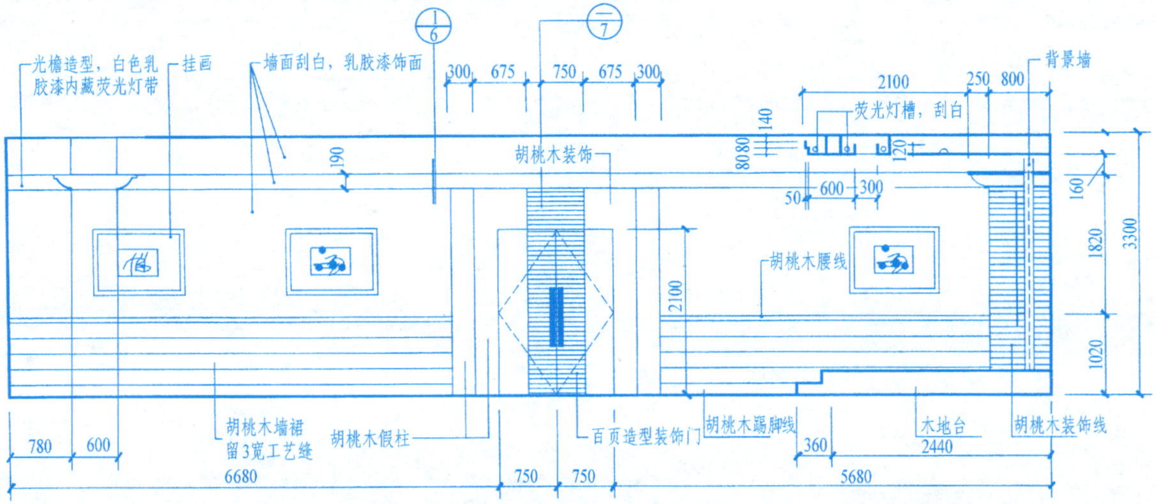

D向立面图 1:50

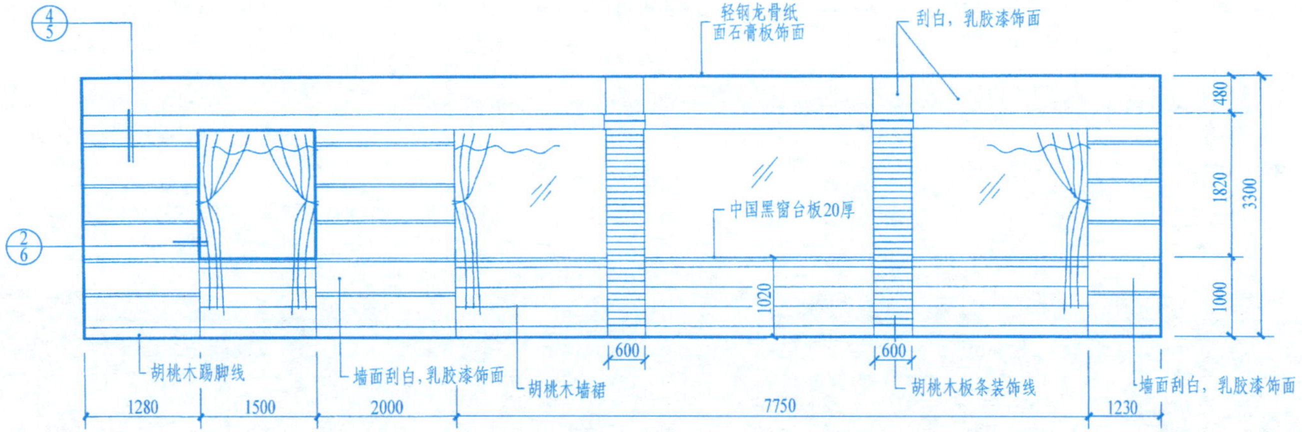

C向立面图 1:50

班级　　学号　　姓名　　日期

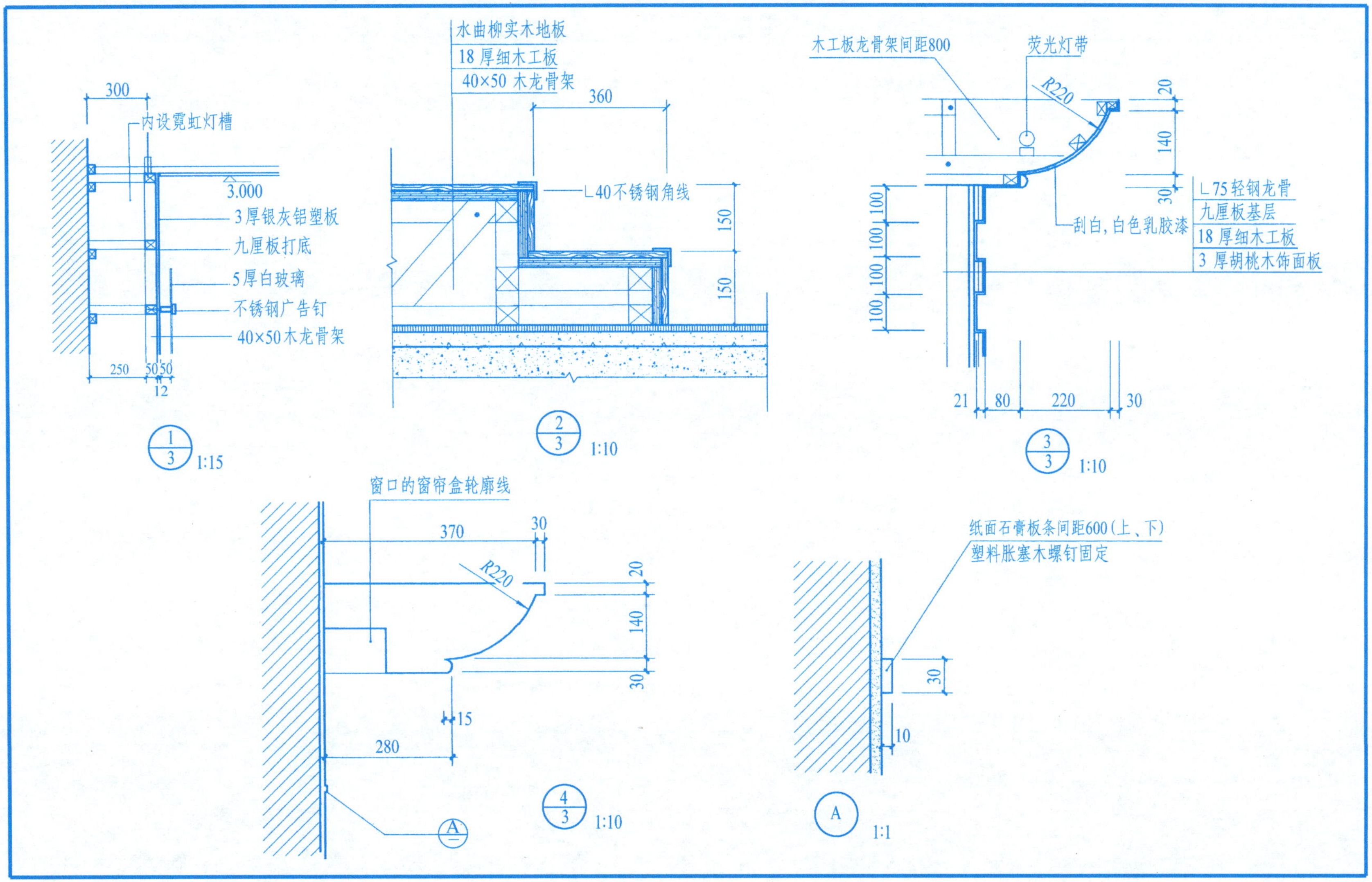
300
内设霓虹灯槽
3.000
3厚银灰铝塑板
九厘板打底
5厚白玻璃
不锈钢广告钉
40×50木龙骨架
250
50
50
12
1/3 1:15
水曲柳实木地板
18厚细木工板
40×50木龙骨架
360
∟40不锈钢角线
150
150
2/3 1:10
木工板龙骨架间距800
荧光灯带
R220
20
140
30
∟75轻钢龙骨
九厘板基层
18厚细木工板
3厚胡桃木饰面板
刮白，白色乳胶漆
100
100
100
100
21
80
220
30
3/3 1:10
窗口的窗帘盒轮廓线
370
30
R220
20
140
30
15
280
A
4/3 1:10
纸面石膏板条间距600(上、下)
塑料胀塞木螺钉固定
30
10
A 1:1

班级　学号　姓名　日期

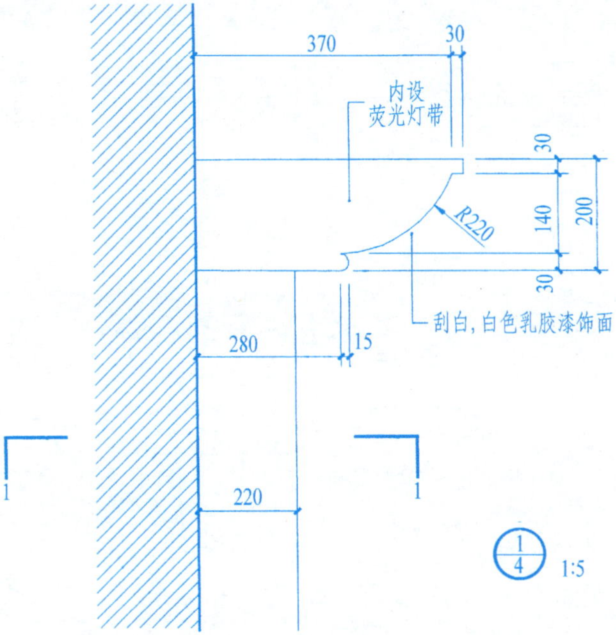

(1/4) 1:5

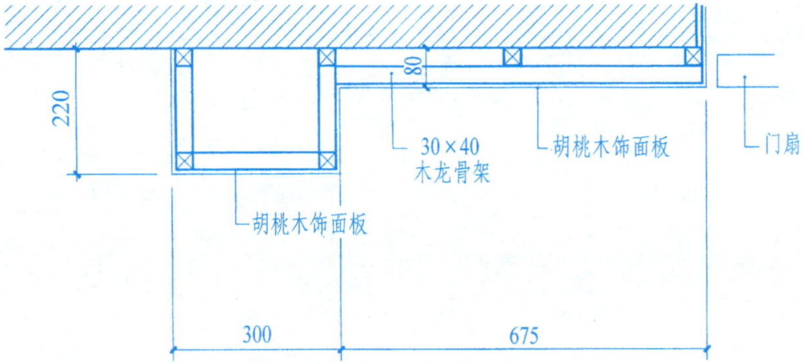

1–1剖面图 1:5

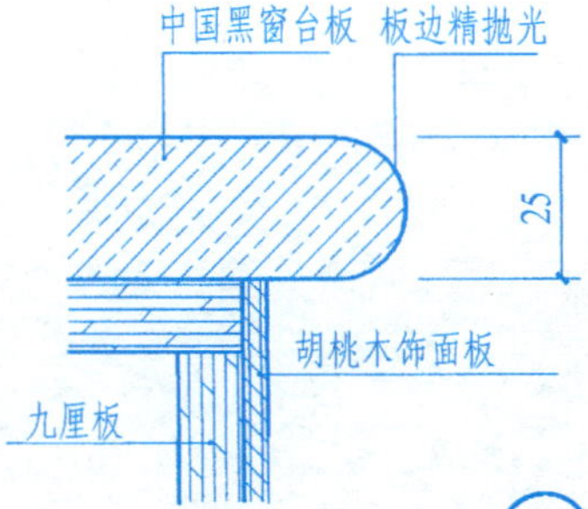

(A) 1:1

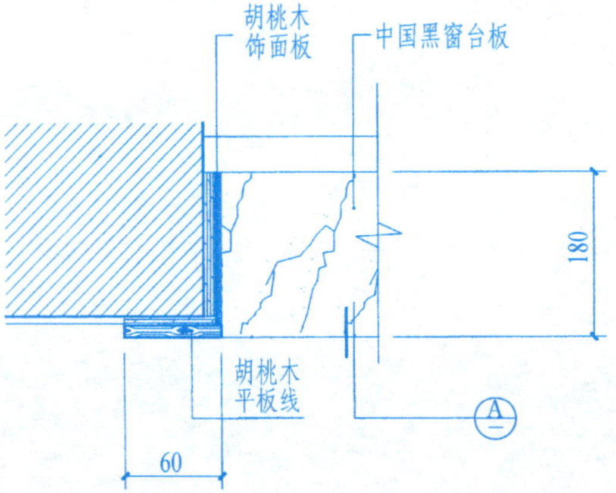

(2/4) 1:2

班级　　　学号　　　姓名　　　日期

10－7 装饰装修施工图（七）——装饰详图（3）

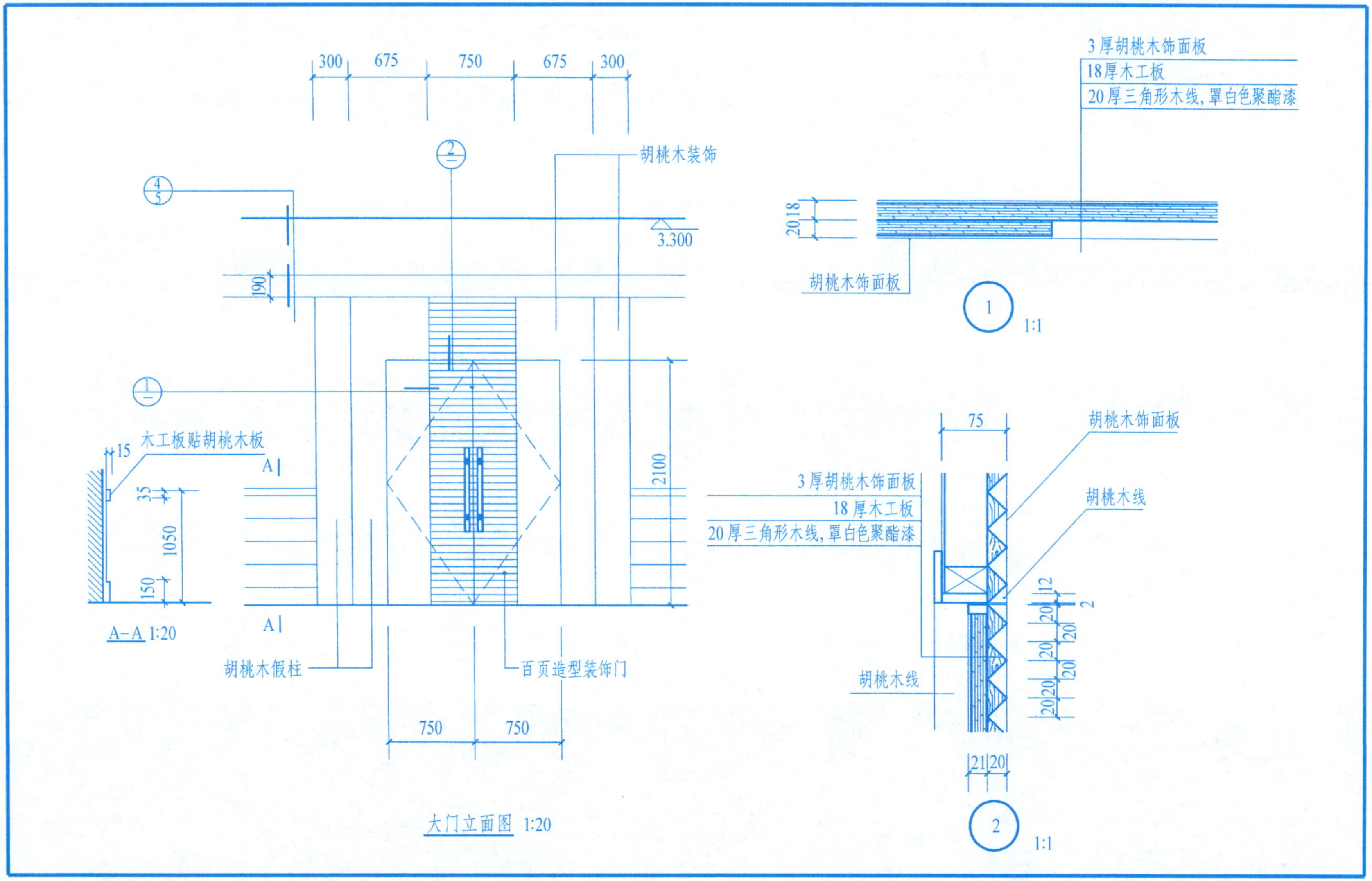

班级　　学号　　姓名　　日期

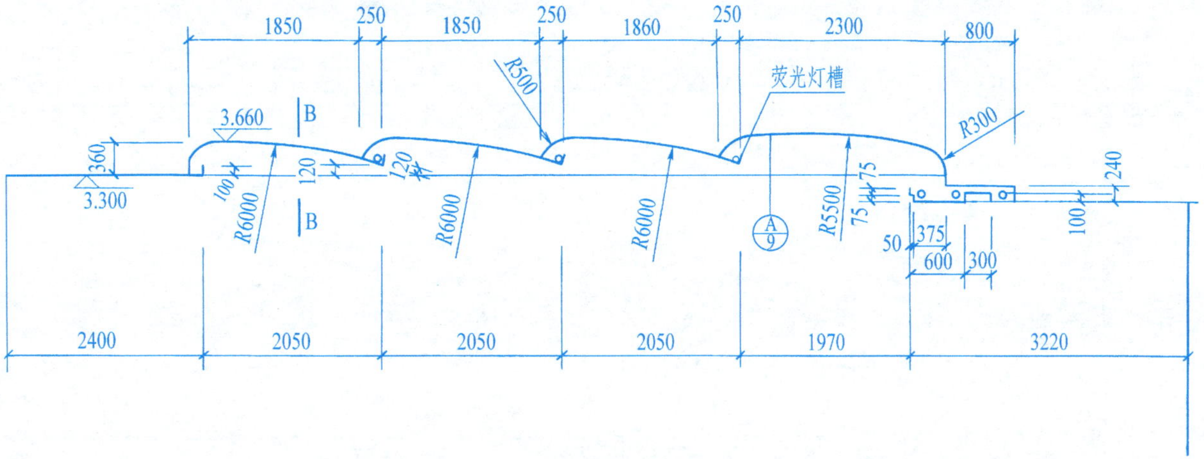

吊顶纵向断面图(A–A) 1:50

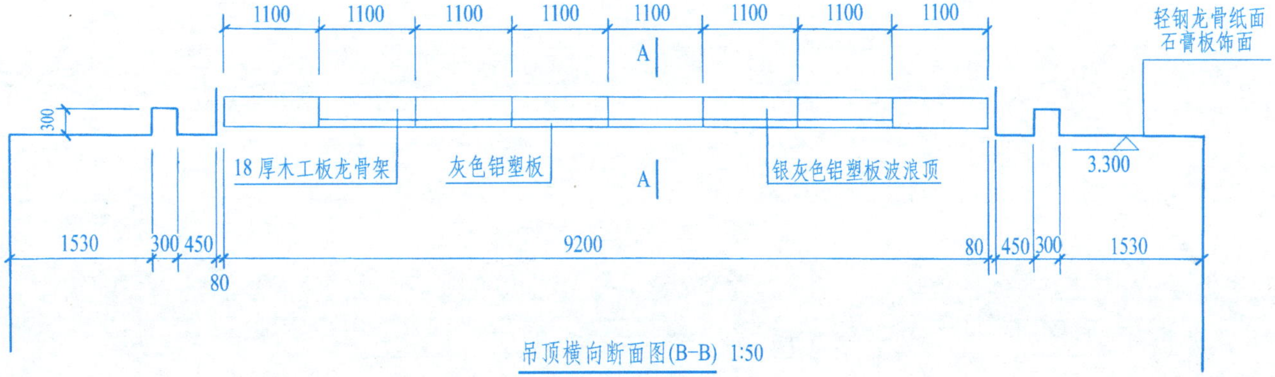

吊顶横向断面图(B–B) 1:50

班级　　学号　　姓名　　日期

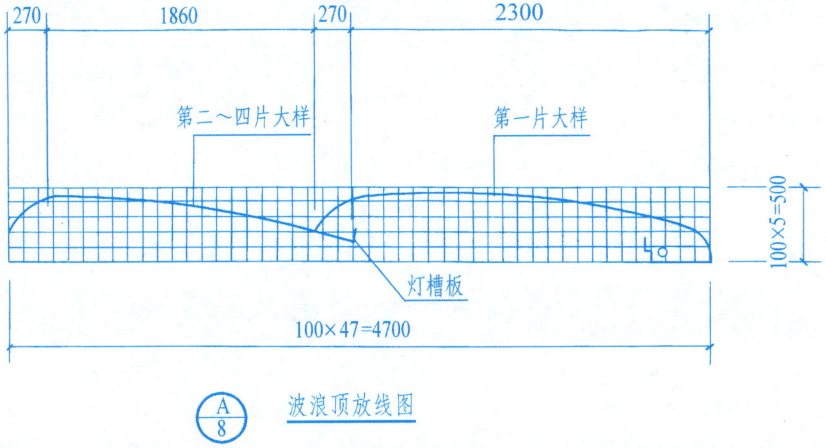
270
1860
270
2300
第二～四片大样
第一片大样
100×5=500
灯槽板
100×47=4700
A
8
波浪顶放线图

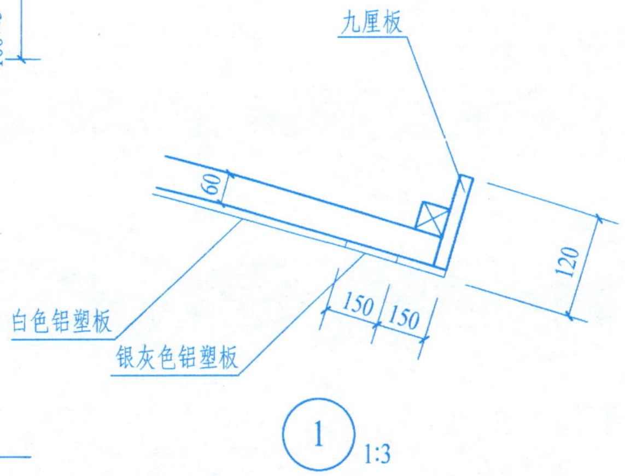
九厘板
60
120
150
150
白色铝塑板
银灰色铝塑板
1
1:3

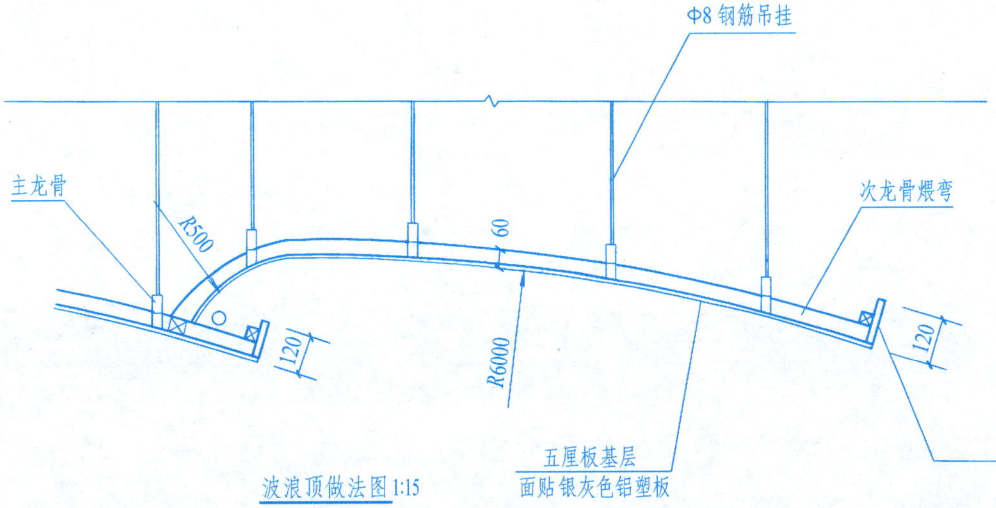
Φ8 钢筋吊挂
主龙骨
R500
60
次龙骨煨弯
120
R6000
120
五厘板基层
面贴银灰色铝塑板
1
—
波浪顶做法图 1:15

班级　　学号　　姓名　　日期

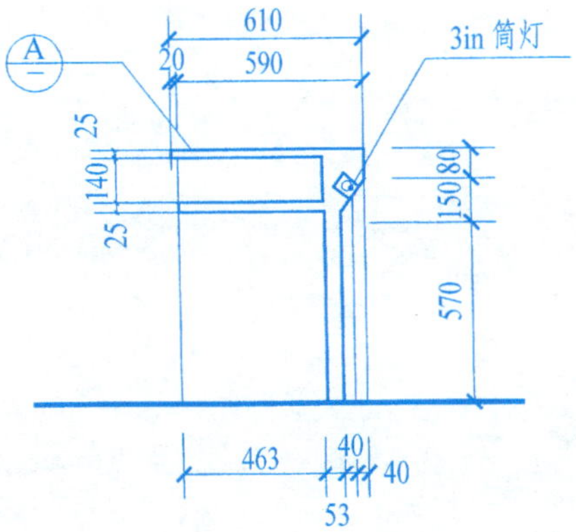

1 1:15

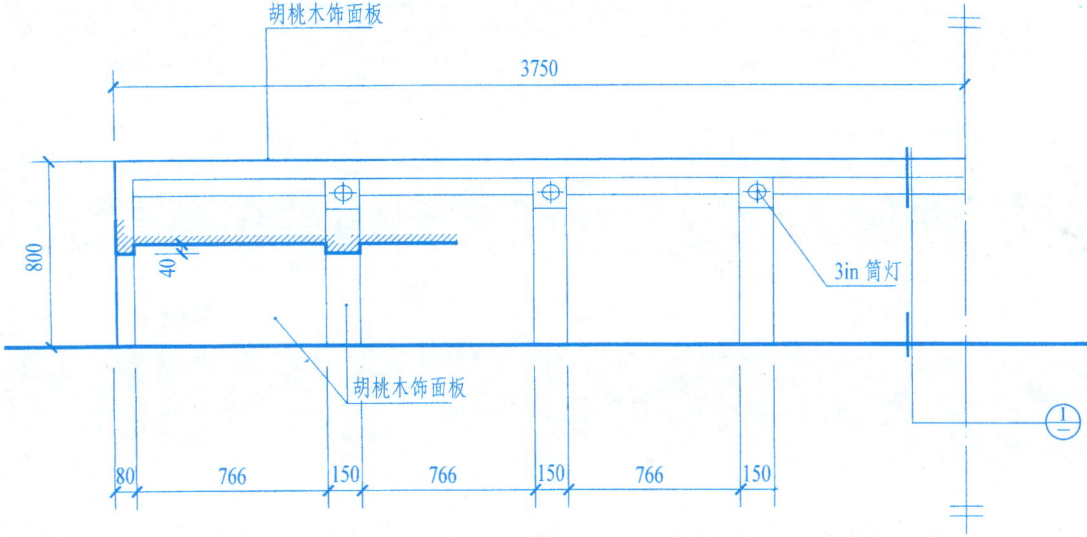

会议桌大样图 1:15

说明：本会议桌为板式结构，木工板厚度18mm，内外均贴胡桃木装饰板，罩亚光聚酯清漆。

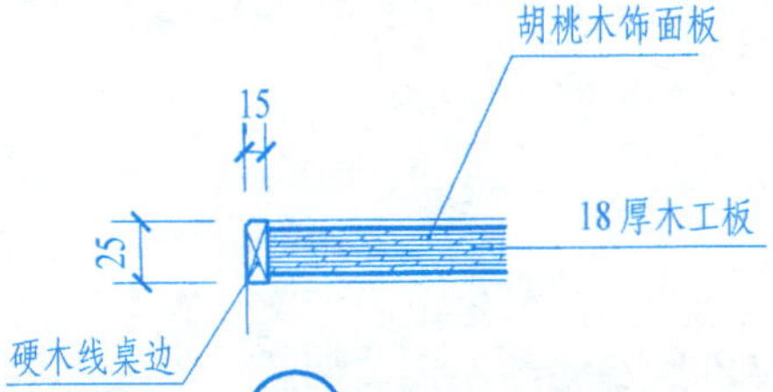

A 桌边大样1:1

班级　　学号　　姓名　　日期

参考文献

［1］ 顾世权．建筑装饰制图习题集［M］．北京：中国建筑工业出版社，2000.
［2］ 王雪娟．画法几何及建筑制图习题集［M］．北京：中国建筑工业出版社，1998.
［3］ 高远．建筑识图与房屋构造［M］．北京：中国建筑工业出版社，2013.
［4］ 武峰，尤逸南．CAD 室内设计施工图常用图块 1［M］．北京：中国建筑工业出版社，2002.
［5］ 刘林，邓学雄，黎龙．建筑制图与室内设计制图习题集［M］．广州：华南理工大学出版社，2000.
［6］ 高远．建筑制图与识图习题集［M］．武汉：武汉理工大学出版社，2008.
［7］ 何斌，陈锦昌，陈炽坤．建筑制图习题集［M］.4 版．北京：高等教育出版社，2011.